Sciences et société

Dans la collection « Sciences et société »
Aux Éditions La Découverte

Marcel Blanc, *L'Ère de la génétique*

Mohamed Larbi Bouguerra, *Les Poisons du tiers monde.*

Philippe Breton, Serge Proulx, *L'Explosion de la communication* (nouvelle édition en poche : La Découverte, 1996).

Bernard Cassen (sous la direction de), *Quelles langues pour la science ?*

Alan Chalmers, *Qu'est-ce que la science ?*

Alan Chalmers, *La Fabrication de la science.*

Denis Duclos, *La Peur et le Savoir. La société face à la science, la technique et leurs dangers.*

Patrice Flichy, *L'Innovation technique. Récents développements en sciences sociales vers une nouvelle théorie de l'innovation.*

Francis Kaplan, *Le Paradoxe de la vie. La biologie entre Dieu et Darwin.*

Bruno Latour, Steve Woolgar, *La Vie de laboratoire. La production des faits scientifiques* (nouvelle édition en poche : La Découverte, 1996).

Yves Lenoir, *La Vérité sur l'effet de serre. Le dossier d'une manipulation planétaire.*

Rémy Lestienne, *Le Hasard créateur.*

Pierre Lévy, *La Machine univers.*

Pierre Lévy, *Les Technologies de l'intelligence. L'avenir de la pensée à l'ère informatique.*

Pierre Lévy, *Qu'est-ce que le virtuel ?*

Richard C. Lewontin, Steven Rose, Leon J. Kamin, *Nous ne sommes pas programmés.*

Swen Ortoli, Jean-Pierre Pharabod, *Le Cantique des quantiques.*

Guitta Pessis-Pasternak (entretiens avec), *Faut-il brûler Descartes ? Du chaos à l'intelligence artificielle : quand les scientifiques s'interrogent.*

Philippe Pignarre, *Les Deux Médecines. Médicaments, psychotropes et suggestion thérapeutique.*

Philippe Pignarre, *Qu'est-ce qu'un médicament ? Un objet étrange, entre science, marché et société.*

Michel de Pracontal, *L'Imposture scientifique en dix leçons.*

Michel Rouzé, *Mieux connaître l'homéopathie.*

Isabelle Stengers, *Sciences et pouvoirs. La démocratie face à la technoscience.*

Jean-François Viel

La santé publique atomisée

Radioactivité et leucémies : les leçons de La Hague

ÉDITIONS LA DÉCOUVERTE
9 *bis*, rue Abel-Hovelacque
PARIS XIIIe
1998

REMERCIEMENTS

Je dois au soutien moral de Dominique Viel, Yves Dupont, Christine Thibaut, Annie Sugier, Benoît Levasseur, Brigitte Sénécal, Pierre Barbey, Daniel Sechter, et beaucoup d'autres encore, d'être demeuré un citoyen debout.

Viel, Jean-François
La santé publique atomisée : radioactivité et leucémies, les leçons de La Hague. – Paris : La Découverte, 1998. – (Sciences et société)
ISBN 2-7071-2827-9

RAMEAU :	Compagnie générale des matières nucléaires (France). Centre de La Hague radioactivité ; effets physiologiques ; enquêtes environnement ; évaluation du risque ; France
DEWEY :	363.3 : Problèmes sociaux et services adaptés. Protection de l'environnement. Problèmes sanitaires
Public concerné :	Tout public

Catalogage Électre-Bibliographie

Pour Guillaume et Keir

Préambule

La civilisation industrielle a sans conteste contribué à améliorer le sort de chacun. Les pesticides ont permis aux paysans de relever le défi de l'autosuffisance alimentaire à la fin de la Seconde Guerre mondiale. L'énergie nucléaire aide à franchir avec souplesse le cap d'un hiver par trop rigoureux. L'automobile participe à un droit fondamental, celui d'aller et de venir au gré de nos humeurs. Nous avons adhéré massivement à ces manifestations du progrès. Mais, trop occupés par nos activités hédonistes, nous avons longtemps feint d'ignorer que ces consommations effrénées avaient un coût environnemental.

Le réveil a été brutal. Nous nous sommes retrouvés un matin cernés par les menaces. L'effet de serre, le trou dans la couche d'ozone, les pluies acides nous ont rendus d'autant plus impuissants et révoltés que leurs effets sont quasi planétaires. L'écosystème est en danger, mais il nous semble encore possible de continuer à vivre dans nos villages. Cependant, les taux de nitrates et de pesticides ne cessent d'augmenter dans les nappes phréatiques, on retrouve des traces de radioactivité artificielle à des milliers de kilomètres des usines nucléaires qui les ont produites, l'air de nos villes devient irrespirable.

Alors se pose avec acuité l'effet de ces dégradations de l'environnement sur la santé, vite devenues la source alléguée de nos maux. Car nous sommes tous les mêmes. Nous savons que les mesures de prévention les plus efficaces concernent d'abord nos propres comportements. Mais de là à changer nos habitudes dans les domaines de la nutrition, du tabagisme ou de la consommation d'alcool... L'État ou l'industrie sont donc devenus des responsables tous désignés, pour mieux cacher de complaisants arrangements avec nos consciences. Ce fait sociologique est devenu incontournable.

Aujourd'hui, nos enfants semblent menacés. La pollution atmosphérique, les rejets radioactifs en feraient des cibles privilégiées. Notre seuil de tolérance s'en trouve dépassé, plaçant le droit des générations futures au cœur du débat. Inquiets, nous nous tournons vers nos savants, attendant qu'ils nous éclairent et tracent le chemin vers un monde meilleur. Las, le silence assourdissant des uns et la cacophonie inaudible des autres nous laissent désemparés. Comment comprendre leur élitisme muet ou leurs disputes étriquées ? C'est que si l'on connaît assez bien les effets de certains toxiques à fortes doses, il en est tout autrement pour les niveaux de pollution qu'on observe généralement dans l'environnement. Que de renoncements (pour ne pas dévoiler son ignorance) ou de controverses (pour affirmer ses fragiles certitudes) au nom des faibles doses ! N'y aurait-il pas une voie médiane ?

J'ai désiré, comme beaucoup d'autres, participer à l'aventure des sciences. Le citoyen exigeant et attentif que j'étais est devenu médecin, puis père de famille, enfin chercheur. Après avoir acquis une parcelle de savoir scientifique, je ne me résous pas pour autant à abandonner les préoccupations des femmes et des hommes qui, humblement, font la France au quotidien. Parmi celles-ci figure en bonne place la menace des pollutions en tous genres. Redevable à la société qui me fait vivre, j'y consacre tous mes efforts de recherche.

La Normandie a bercé ma jeunesse et mon attachement à cette contrée est grand. Dans sa partie occidentale, la pointe du Cotentin est longtemps restée un coin de lande peu peuplé, balayé par des vents et des courants violents. Son déclin écomique paraissait inéluctable, jusqu'à l'implantation de l'industrie nucléaire. Si la lumière cristalline et les fougères flamboyantes font toujours partie du décor, les bouleversements ont été nombreux : urbanisation massive, fragilisation du tissu social... accompagnées, il est vrai, d'une indéniable prospérité économique. Avec quatre établissements nucléaires dans un rayon de 20 kilomètres (une usine de retraitement de combustibles irradiés et un centre de stockage de déchets à La Hague, une centrale nucléaire à Flamanville, et une base pour sous-marins nucléaires à l'arsenal de Cherbourg), le Nord-Cotentin est devenu une des régions, si ce n'est la région, la(les) plus nucléarisée(s) du monde.

En 1984 parviennent d'Angleterre les premières informations alarmantes sur la santé des enfants vivant à proximité de Windscale, une usine identique à celle de La Hague. Les autorités françaises, étrangement inactives, ne prennent pas la mesure de cet événement, alors que le doute se fait jour. Le nucléaire, et tout particulièrement les déchets radioactifs stockés ou rejetés dans l'environnement par l'usine de La Hague représentent-ils eux aussi un danger pour les populations ? Y a-t-il réellement plus de leucémies parmi les enfants habitant le Nord-Cotentin ? Les rumeurs les plus folles courent la lande. Savoir, terroir, espoirs... Pour la Normandie et ses enfants, je prends le risque insensé de tenter la réconciliation entre Science et Cité. Seul, je décide de conduire les recherches qui permettront de répondre au mieux aux attentes du public. Cette solitude se révélera être à la fois une force et une faiblesse. Une force, parce qu'elle évitera toute compromission, tout jeu d'alliance avec une institution, quelle qu'elle soit. Une faiblesse, parce que je suis loin d'imaginer à ce moment que les enjeux industriels et politiques, les pseudo-intérêts scientifiques, ou la règle de l'Audimat pousseront d'« honnêtes gens » à sonner l'hallali.

Ce livre se veut avant tout citoyen, et retrace une longue quête dont je ne suis pas sorti indemne. Les déterminants en jeu dans la controverse emblématique de La Hague sont en majorité structurels et ne demandent qu'à se réactiver sur un autre objet. C'est pourquoi je tente d'en démonter les mécanismes pour expliquer combien le doute scientifique est légitime et l'équilibre dynamique des composantes de la société, nécessaire au maintien d'un environnement sain pour tous.

I

Énergie nucléaire et leucémies

1

Blanches leucémies

Guillaume et Keir [1]

Guillaume, sept ans, n'est plus le conquérant qu'on a connu à La Hague. Ses terres d'aventures se sont brusquement réduites, il ne sillonne plus les dunes comme des générations de petits Normands avant lui... C'est que les jambes de Guillaume, trop douloureuses, le soutiennent avec peine. Il a même fallu le porter dans l'escalier qui mène à sa chambre. Un teint pâle ajoute à l'inquiétude de ses parents, qui se décident à consulter. Devant ces symptômes, le médecin de la famille prescrit fort opportunément une prise de sang. Puis la vie bascule... Leucémie.

Keir, à peine plus jeune, est écossais. Il habite Thurso, une petite ville située tout au nord des Highlands. La côte est sauvage, déchiquetée, et s'il n'y avait une usine atomique non loin à Dounreay, ce paysage rupestre n'aurait pas bougé depuis des siècles. Au pied de la falaise, l'estran constitue son terrain de jeu favori : il y retourne

1. Prénoms d'emprunt.

les pierres à la recherche de petits mollusques. Un jour, il saigne du nez à plusieurs reprises. Puis, de petites ecchymoses recouvrent son corps sans raison apparente. Sa mère l'emmène sans tarder chez le médecin de quartier qui le suit depuis sa naissance. Après les examens biologiques, le diagnostic tant redouté tombe comme un couperet : leucémie.

Guillaume et Keir ne se sont jamais rencontrés mais tous les deux avaient peut-être leur destin scellé.

Symptômes leucémiques

Les leucémies (du grec *leukos*, blanc) correspondent à une prolifération des cellules à l'origine des globules blancs (ou leucocytes). Elles se développent à partir d'une cellule unique de la moelle osseuse, devenue capable de se multiplier de façon désordonnée, non contrôlée, puis se diffusent dans l'organisme (rate, ganglions lymphatiques...). Cette prolifération excessive peut donner lieu, mais pas toujours, à une augmentation du nombre des leucocytes dans le sang. A cette prolifération dérégulée est associé un trouble de la différenciation (ou maturation) des jeunes globules blancs. L'envahissement de la moelle osseuse par les cellules du clone leucémique peut aussi conduire à un trouble de la formation des autres éléments du sang (globules rouges et plaquettes). En fonction du niveau de prolifération et du trouble de maturation, on distingue schématiquement les leucémies aiguës et les leucémies chroniques, qu'on classe ensuite en myéloïdes ou lymphoïdes selon le type de jeune globule blanc mis en cause (myéloblaste ou lymphoblaste). Les enfants étant quasi exclusivement touchés par les leucémies aiguës [2], seules ces dernières sont envisagées plus avant.

Les leucémies aiguës se caractérisent par un trouble de la maturation maximal et la prolifération des leucocytes les

2. Les leucémies myéloïdes chroniques, rares dans l'enfance, se rencontrent un peu plus fréquemment chez l'adolescent et l'adulte jeune.

plus jeunes (blastes). Elles représentent environ un tiers des cancers de l'enfant, suivant la proportion de quatre leucémies aiguës lymphoblastiques (LAL) pour une leucémie aiguë myéloblastique (LAM). On compte chaque année en France environ 450 nouveaux cas, conduisant à une incidence annuelle de 4 leucémies pour 100 000 enfants. Aussi, durant son enfance (0 à 14 ans), environ un garçon ou une fille sur 1 700 souffrira d'une leucémie aiguë. Notons enfin que le risque est maximal dans la tranche d'âge 2-5 ans.

Le mode de découverte d'une leucémie aiguë peut prendre plusieurs formes. Les symptômes résultent de l'infiltration des blastes dans divers organes et du trouble de la production des différentes cellules sanguines (appelé insuffisance médullaire). Les douleurs osseuses de Guillaume sont très évocatrices. La prolifération des blastes, comprimant parfois jusqu'à la destruction les autres éléments de la moelle osseuse, cause une douleur d'autant plus révélatrice que l'os est soumis à des forces importantes (comme dans les membres inférieurs). Les manifestations liées à une insuffisance médullaire, telles qu'une anémie, un syndrome hémorragique (ecchymoses d'apparition brutale, purpura...), constituent également un mode d'entrée fréquent dans la maladie, et c'est ce qui advint à Keir. Enfin, le diagnostic peut se fonder sur un « syndrome tumoral » (se manifestant par une augmentation de volume des ganglions lymphatiques, du foie et de la rate) pouvant accroître la circonférence de l'abdomen et rendre difficile la fermeture du pantalon, par exemple.

Le traitement d'un enfant leucémique dure au minimum deux ans. Une première phase, dite d'induction, requiert une hospitalisation quasi continue (pour des raisons de surveillance médicale et d'administration des chimiothérapies par voie intraveineuse), à laquelle succèdent une phase intermédiaire (pendant laquelle l'enfant peut rentrer à son domicile une semaine sur deux), puis une phase de consolidation plus intensive. Plus de six mois s'écoulent ainsi, pour laisser place à un traitement oral sans hospitalisation pendant dix-huit mois. Ensuite, les surveillances seront mensuelles puis bimensuelles. Au bout de ce long chemin, qui réclame la collaboration étroite de l'enfant, de ses parents et des soignants, le succès thérapeutique est au rendez-vous dans environ 70 % des cas.

Facteurs leucémogènes

L'origine des leucémies aiguës, toujours inconnue, représente donc un défi à relever par les médecins et les chercheurs. On a bien identifié des facteurs favorisant leur apparition (appelés facteurs de risque et ne constituant pas nécessairement des causes), mais ils n'interviennent que dans moins de 10 % des cas. On peut citer pêle-mêle des facteurs familiaux (fratrie déjà atteinte de leucémie aiguë), des anomalies chromosomiques (trisomie 21), des affections héréditaires (cassures chromosomiques, déficits immunitaires...), d'autres pathologies sanguines (aplasies médullaires, myélodysplasie), des thérapeutiques (certaines chimiothérapies anticancéreuses, la radiothérapie).

L'épidémiologie a aussi permis d'identifier des facteurs de risque chimiques, physiques et environnementaux. Le rôle du benzène est maintenant bien établi et de forts soupçons pèsent sur les pesticides. L'exposition aux champs électromagnétiques (en particulier les lignes à haute tension) fait l'objet d'une controverse et d'un débat public intense depuis quelques années. En revanche, beaucoup plus documentée est l'influence de la radioactivité (ou radiations ionisantes). Les physiciens et les radiologues du début du siècle, fortement exposés par ignorance des effets biologiques, payèrent un lourd tribut. Marie Curie mourut d'une leucémie en 1934 ; sa fille Irène également, en 1956. Les bombardements d'Hiroshima et de Nagasaki confirmèrent malheureusement ces effets délétères. Les leucémies commencèrent à apparaître deux ans après, atteignirent un maximum au bout de cinq ans, pour disparaître environ dix ans après les explosions nucléaires. L'effet était d'autant plus intense que le sujet était situé près de l'épicentre et exposé sur l'ensemble de son corps.

Dans les années soixante-dix on a pu montrer que l'irradiation du fœtus (*in utero* donc) lors des examens radiologiques de sa mère entraînait un risque important. Toutefois, les effets établis des radiations ionisantes concernent des doses moyennes ou fortes. Un débat de société, principalement mené en Grande-Bretagne depuis 1983, porte sur les effets de faibles doses de radioactivité, à partir d'observations réalisées autour d'établissements nucléaires à orientation civile. Et c'est peut-être là que les destins de Guillaume et Keir se rejoignent : les enfants habitaient tous deux à proximité d'une usine de retraitement des déchets nucléaires.

2

Le retraitement des combustibles irradiés

Énergie atomique

Par le nombre de réacteurs nucléaires installés (55), la France arrive en deuxième position mondiale derrière les États-Unis (112). Mais si l'on considère le pourcentage d'électricité d'origine nucléaire dans la production totale (76 %), seule la Lituanie (80 %) dépasse la France. La production d'énergie nucléaire est fondée sur la fission atomique associée à une réaction en chaîne. La fission d'un noyau d'uranium 235 possède en effet la propriété de dégager de l'énergie, notamment sous forme de chaleur, tout en expulsant deux ou trois neutrons. Ces particules vont briser d'autres noyaux d'uranium 235, qui propulsent d'autres neutrons, etc., source de grandes quantités d'énergie. Contrôlée au sein d'un réacteur nucléaire, une telle réaction en chaîne permet par sa chaleur de transformer de l'eau en vapeur. Injectée sous pression dans une turbine couplée à un alternateur, la vapeur permet *in fine* de produire de l'électricité.

En fait, le combustible utilisé dans les centrales de

production électrique n'est pas constitué d'uranium naturel (contenant 99,3 % d'uranium 238 et 0,7 % d'uranium 235), mais d'uranium « enrichi » (où la proportion de l'isotope 235 atteint 3 % à 4 %) par application d'un procédé de diffusion gazeuse. Après trois ou quatre ans de présence dans le réacteur, le combustible a subi des transformations qui ne lui permettent plus d'entretenir la réaction nucléaire. Il est donc retiré du cœur du réacteur, mais quel est son devenir ?

Stocker ou retraiter ?

Une fois usé, le combustible a évolué dans sa composition. Il comprend toujours de l'uranium 238 (95 %) et de l'uranium 235 (1 %), mais s'y ajoutent du plutonium (1 %) et différents produits de fission très radioactifs (3 %).

Jusqu'à cette étape, tous les pays utilisateurs de l'énergie nucléaire au monde utilisent à peu près la même filière technologique. Mais les stratégies industrielles divergent par la suite. Les États-Unis ont toujours choisi de stocker les combustibles nucléaires usagés, sans intervention, dans des piscines. La Suède, la Finlande, le Canada, l'Espagne et l'Autriche ont suivi. Le principal argument avancé en faveur de cette politique est celui de la non-extraction de composants plus dangereux, et donc la non-dissémination de plutonium à des fins militaires. Jacques Attali, dans un rapport au secrétaire général de l'ONU, recommande ainsi « de réduire la quantité de matières nucléaires disponibles par l'arrêt de la production de tout plutonium nouveau, [...] d'interdire la construction de toute nouvelle installation de retraitement, et de ralentir l'utilisation de celles qui existent [1] ». Mais la position de ces pays recouvre aussi peut-être des avancées technologiques insuffisantes dans le domaine du

1. Jacques Attali, *Économie de l'apocalypse. Trafic et proliférations nucléaires*, Fayard, Paris, 1995, p. 15-16.

retraitement nucléaire. Pour leur part, la France, le Royaume-Uni et le Japon ont décidé de séparer les différents composants des combustibles usés. L'Allemagne sous-traite jusqu'à présent cette opération aux deux premiers pays, mais, sous la pression de son opinion publique, elle pourrait y renoncer. Les avantages du retraitement seraient de récupérer les matières énergétiques réutilisables et de conditionner dans les meilleures conditions de sûreté les déchets ultimes en vue de leur stockage définitif (sans oublier la production de plutonium de qualité militaire). Sur ce point, un débat oppose ceux qui considèrent que le plutonium est une matière énergétique (ce qu'il est intrinsèquement) – à ceux qui estiment – au vu des stocks surabondants qui ne cessent de croître (la France produit 12 tonnes de plutonium par an et, d'ici à la fin du siècle, n'arrivera à en brûler qu'un tiers dans ses centrales nucléaires sous forme de MOX, *mixed oxyde* [2]) – qu'il s'agit en fait d'un déchet. L'idée de l'incinérer dans des réacteurs à neutrons rapides (tel qu'un Superphénix reconverti) accrédite plutôt cette dernière thèse.

Un procédé sensible

Le retraitement consiste à fractionner puis à récupérer les différents composants du combustible usé. Compte tenu de la forte radioactivité de ce dernier, les contraintes de sécurité et de protection sont sévères et les opérations chimiques et mécaniques effectuées à distance. Le matériau nucléaire est dissous dans des solutions acides, puis l'utilisation de solvants permet de séparer l'uranium, le plutonium et les produits de fission. L'uranium est concentré sous forme de nitrate liquide tandis que le plutonium est conditionné sous forme d'oxyde. En France, les produits de fission sont vitrifiés, coulés dans des conteneurs étanches en acier inoxydable, et entreposés à

2. Jacques Attali, *op. cit.*, p. 69.

La Hague en attente d'un lieu d'entrepôt définitif. Les déchets technologiques sont conditionnés dans des conteneurs en béton, et les boues résultant de l'épuration des effluents liquides sont enrobées dans du bitume puis coulées dans des fûts en acier inoxydable. Enfin des déchets gazeux (krypton 85, tritium...) sont rejetés dans l'atmosphère, tandis que des déchets liquides (tritium, césium 137, strontium 90, plutonium...) sont déversés dans la mer. Notons que l'Irlande, l'Espagne et les pays d'Europe du Nord veulent interdire d'ici à 2020 tout rejet radioactif en mer.

Il existe dans le monde trois usines principales de retraitement fonctionnant sur un mode industriel : Sellafield (Angleterre), Dounreay (Écosse) et La Hague (France). Le Japon rejoindra ce club très fermé en 2003 avec l'usine de Rokkasho-Mura. En France, le site de Marcoule permet aussi le retraitement mais à une moins grande échelle. La Russie possède pour sa part une usine de très faible capacité (Mayak) à Tcheliabinsk.

La Hague

Situé à l'extrême pointe du Cotentin, 25 kilomètres à l'ouest de Cherbourg, le site de La Hague (appartenant à la Cogema [3]) s'étend sur 300 hectares. Entré en service en 1966, il avait permis, fin 1991, le retraitement de 576 tonnes de combustibles usés. Composé de deux usines (UP2, puis UP3, opérationnelle en 1990), sa capacité de retraitement annuelle (au maximum 1 600 tonnes, pour 1 276 tonnes effectives en 1994) en fait le premier établissement de ce type au monde, et représente plus de 40 % du chiffre d'affaires consolidé du groupe. Environ 5 000 personnes y travaillent en permanence, dont

3. Créée en 1976, la Cogema (pour Compagnie générale des matières nucléaires) est un groupe industriel de droit privé à capitaux publics. Filiale du Commissariat à l'énergie atomique, elle emploie 17 000 personnes, et intervient à toutes les étapes du cycle du combustible nucléaire, de l'exploitation minière de l'uranium au retraitement des combustibles usés.

3 000 salariés de la Cogema. L'entreprise étant le plus gros employeur de cette zone géographique, il n'est pas étonnant que parmi ses employés figurent des élus locaux. Plus surprenant en revanche sont les rapports que ces derniers entretiennent avec leur hiérarchie. « Quarante-sept élus locaux, essentiellement du district de La Hague, maires (au nombre de huit), conseillers municipaux et jusqu'au conseiller général du canton, Michel Laurent, tous salariés de l'établissement Cogema de La Hague, ont été convoqués mardi 1er avril (c'est vrai !) par leur directeur, Patrick Lederman. Ces " élus Cogema " ont ainsi appris – sur le mode hiérarchique – comment l'entreprise entend communiquer sur des sujets concernant l'environnement des usines de La Hague, qui a causé récemment de gros soucis aux dirigeants de Cogema au travers de l'affaire des rejets en mer des effluents de l'établissement. Curieusement, les élus non Cogema n'ont pas bénéficié de cette réunion d'information [4]. »

Une usine de retraitement est une installation très particulière qui produit des rejets environnementaux bien supérieurs à ceux d'une centrale nucléaire. Ainsi, pour 1994, les installations de la Cogema à La Hague ont-elles rejeté 270 fois plus de tritium et 8 700 fois plus d'émetteurs bêta-gamma [5] que les deux réacteurs nucléaires situés à Flamanville, 16 kilomètres au sud [6]. De plus, contrairement à La Hague, ces derniers ne sont pas autorisés à rejeter du plutonium dans l'environnement. Les effluents transitent soit par l'intermédiaire de deux cheminées, soit par une conduite sous-marine [7], et restent

---

4. *La Manche libre*, 4 avril 1997.

5. Les rayonnements générés par les déchets radioactifs sont constitués de particules de différentes natures : rayonnements α formés par des noyaux d'atomes d'hélium, rayonnements β formés par des électrons, et rayonnements γ qui ne sont autres que des photons.

6. *ACROnique du nucléaire*, n° 36, mars 1997. Depuis sa création en 1987, l'Association pour le contrôle de la radioactivité dans l'Ouest (ACRO) s'est donné pour mission d'effectuer une surveillance autour des sites nucléaires du Nord-Ouest. Elle est devenue association de protection de l'environnement par arrêté du 14 avril 1994.

7. Cet « émissaire » est immergé à partir de l'anse des Moulinets et son exutoire est situé à 1 700 mètres au large de la baie d'Écalgrain, sous 27 mètres d'eau.

inférieurs aux niveaux autorisés. Notons tout de même que, « à La Hague, la Cogema fixe ses normes elle-même [...]. Ces niveaux sont en effet fixés par arrêté interministériel (Industrie, Environnement et Santé), non à partir de considérations sanitaires, mais en fonction des besoins exprimés par l'industriel [8] ». Ainsi, en 1994, 177 615 mètres cubes d'effluents liquides radioactifs ont-ils été relâchés dans la mer, soit en moyenne 486 tonnes par jour.

8. Édouard Launet, *Libération,* 11 janvier 1997.

3

Chronique d'outre-Manche [1]

Au début était Windscale

Le site nucléaire de Windscale est situé au nord-ouest de l'Angleterre, sur les bords de la mer d'Irlande (comté de West Cumbria). En 1952 y sont mis en œuvre deux réacteurs atomiques et une usine de retraitement des déchets nucléaires. Ces installations sont ensuite fermées et remplacées, entre 1956 et 1963, par cinq autres réacteurs et, en 1964, par une autre usine de retraitement.

Au début de l'année 1983, James Cutler, un producteur de la Yorkshire Television, contacte l'équipe de direction de Windscale pour tourner un documentaire sur la santé des travailleurs de ce site nucléaire. Il avait déjà réalisé une émission sur les effets de l'amiante, qui s'était révélée déterminante dans la mise en place d'une réglementation plus stricte en milieu professionnel.

1. De nombreuses informations de ce chapitre sont extraites du livre de Valérie BERAL, Eve ROMAN et Martin BOBROW, *Childhood Cancer and Nuclear Installations*, BMJ, Londres, 1993. Aussi, sauf exception, dans un souci de clarté, les références exactes des publications scientifiques ne sont pas reprises dans la suite de ce chapitre.

On lui répond alors qu'il n'y a aucune indication d'un quelconque effet sur la santé des travailleurs de Windscale, selon les études publiées à cette époque (ce qui est vrai). Cependant, alors qu'il conduit sur place quelques entretiens préliminaires, James Cutler apprend incidemment que plusieurs enfants habitant Seascale, un ancien village de pêcheurs situé à 3 kilomètres du site, sont atteints de leucémie. Son équipe identifie en tout sept cas survenus de 1956 à 1983. Le producteur réoriente alors le sujet de son documentaire pour le focaliser uniquement sur Seascale. Le 1er novembre 1983, l'émission *Windscale, the Nuclear Laundry* (« Windscale, la blanchisserie nucléaire ») est diffusée sur la chaîne ITV (Independent Television) et cause un émoi considérable. Un excès de leucémies est suggéré à Seascale et attribué aux rejets radioactifs liquides en mer d'Irlande, qui pollueraient ensuite les plages, les poissons et les fruits de mer. Rarement une émission de télévision aura eu un tel impact sur la santé publique et la recherche menée dans un pays.

La réponse du gouvernement britannique est immédiate, mettant en place une commission, présidée par sir Douglas Black, pour identifier cet excès. L'équipe de télévision n'ayant pas eu accès aux dossiers médicaux, il est possible que l'identification des leucémies soit incomplète. Le « rapport Black », rendu public en 1984, confirme les résultats. Tous les cas rapportés sont bien des leucémies et aucune leucémie n'a été omise à Seascale durant la période considérée. L'excès annoncé est bien réel et ne peut être attribué aux méthodes peu orthodoxes (pour un épidémiologiste) employées par les journalistes. Il est cependant précisé que la quantité de radioactivité rejetée dans l'environnement ainsi que l'estimation des doses reçues par la population ne peuvent, en fonction des connaissances du moment, expliquer l'excès observé. La possibilité d'un regroupement spatial (ou *cluster*) uniquement dû au hasard est aussi mise en avant. Le rapport Black comprend également un certain nombre de recommandations qui seront presque toutes suivies d'effet. La première consiste à établir un comité sur les aspects médicaux des radiations dans l'environnement (COMARE [2]), qui, en 1986, dans son premier rapport, confirme globalement les résultats de la commission Black. Pour sa part, le propriétaire des installations nucléaires (British Nuclear Fuels Ltd) n'oublie pas de débaptiser Windscale pour lui donner le nouveau nom de Sellafield. *Exit* Windscale...

Dounreay, ou la douche écossaise

Bien qu'ayant conduit à des rejets radioactifs moins importants qu'à Sellafield, le processus industriel similaire de l'usine de Dounreay (retraitement de déchets nucléaires débuté en 1958) représentait une opportunité unique de confirmer ou d'infirmer l'excès de leucémies constaté à Seascale.

L'occasion se présente dans le cadre de la préparation d'une enquête d'utilité publique sur l'extension du site nucléaire de Dounreay. Des chercheurs écossais identifient rétrospectivement les cas de leucémies chez les sujets jeunes dans cette zone et publient leurs conclusions en 1986. C'est la surprise, puis l'inquiétude. Durant la période 1979-1984, habiter dans un rayon de 25 kilomètres autour de Dounreay multipliait par six le risque d'être atteint de leucémie, comparativement à l'ensemble de l'Écosse. Ainsi, Sellafield ne serait pas isolé et le rôle du hasard apparaît de moins en moins probable. Cette enquête est toutefois sévèrement critiquée sur le choix des périodes et des rayons géographiques pris en compte qui, selon ses détracteurs, tendraient à surestimer le risque réel. La controverse est vive.

Avec une grande indépendance scientifique, le COMARE tranche dans son deuxième rapport (1988) en faveur des chercheurs écossais. Cette instance identifie deux cas supplémentaires de leucémie qui avaient été mal codés à l'origine, et, tenant compte des différents sous-groupes par

2. COMARE : Committee on the Medical Aspects of Radiation in the Environment.

périodes et rayons, conclut à un excès significatif des cas de leucémie chez les sujets de moins de vingt-cinq ans. Elle ajoute toutefois que les estimations communément admises des doses reçues et des risques associés ne peuvent rendre responsables les rejets autorisés ou accidentels, mais qu'il persiste de nombreuses incertitudes sur ces calculs. C'est en particulier le cas pour l'exposition des jeunes enfants à des radiations de haute énergie sur une longue durée (je ne cesserai par la suite d'appeler à un travail multidisciplinaire pour combler ces lacunes scientifiques en tenant compte des données françaises). Le COMARE conseille également d'envisager le rôle d'autres facteurs, tels que l'exposition professionnelle des parents aux radiations, et l'exposition à certains produits chimiques ou virus. Il appelle enfin à un programme de recherche intensifié pour répondre à ces interrogations.

La santé publique britannique en marche

Le mouvement est lancé et ne s'épuisera pas. Avec un remarquable sens de l'intérêt communautaire, le Royaume-Uni met en œuvre tous les moyens nécessaires à cette entreprise. Les retombées en termes de connaissances et de développement de nouveaux outils méthodologiques rejailliront bien au-delà du domaine nucléaire.

Les épidémiologistes accélèrent leurs recherches dans une compétition effrénée et l'année 1987 est riche en rebondissements. Un excès de leucémies est d'abord rapporté autour des établissements nucléaires militaires de Burghfield et Aldermaston (dans le Berkshire). Les rejets sont plus faibles que ceux des usines de retraitement, mais la population exposée, beaucoup plus dense (incluant la ville de Reading). Le COMARE conclura dans son troisième rapport (1989) à un excès faible mais significatif chez les enfants de moins de cinq ans dans un rayon de 10 kilomètres, renouvelant à cette occasion ses recommandations précédentes.

Ensuite, Sarah Darby, de l'Unité d'épidémiologie du cancer de l'université d'Oxford, publie à partir de données d'origines variées (taux nationaux d'incidence durant la période des essais d'armes nucléaires en atmosphère, nature des radionucléides [3] impliqués, expositions radioactives médicales et naturelles...) des résultats qui tendent à prouver que l'excès de Dounreay ne peut être dû aux rejets nucléaires de l'usine.

Mais, toujours en 1987, Martin Gardner, membre de l'équipe rivale, l'Unité d'épidémiologie environnementale de l'université de Southampton, montre qu'un excès de leucémies est observé au sein de la cohorte des écoliers de Seascale dont la mère résidait dans le village à leur naissance (risque de décès multiplié par dix par rapport à l'ensemble de l'Angleterre pour un âge inférieur à dix ans), mais qu'aucune surmortalité n'est mise en évidence pour les écoliers de Seascale nés ailleurs. En conséquence, il évoque le rôle de facteurs étiologiques locaux agissant avant la naissance ou durant la petite enfance (c'est aussi l'hypothèse que j'avancerai plus tard autour de La Hague).

Enfin, synthétisant un rapport du Bureau des recensements de populations et des enquêtes (OPCS [4]) comparant la mortalité autour de l'ensemble des installations nucléaires d'Angleterre et du pays de Galles avec des zones témoins, David Forman (Oxford) n'identifie aucun excès pour différents cancers à l'exception possible des leucémies dans la classe d'âge 0-24 ans.

L'année 1989 est également très fructueuse. Leo Kinlen, membre d'une autre équipe de l'université d'Oxford (l'Unité d'épidémiologie de la campagne pour la recherche sur le cancer), inaugure la publication d'une série impressionnante d'articles, tous fondés sur des zones géographiques ayant connu de forts afflux de populations (y compris, mais pas seulement, pour la construction de centrales nucléaires). Selon lui, la concordance des résultats

---

3. Un radionucléide est un atome radioactif.
4. Office of Population Censuses and Surveys (OPCS), équivalent de l'INSEE français.

va dans le sens de l'implication d'un virus. Les habitants de zones retirées, peu en contact avec des éléments extérieurs, présenteraient une relative immaturité immunologique. L'arrivée de populations extérieures, et donc de nouveaux antigènes viraux, pourrait induire des réactions inadaptées à l'origine de leucémies. On peut établir l'analogie avec un jeune enfant gardé par sa mère jusqu'à sa scolarisation, qui accumule ensuite les maladies infantiles, contrairement à un enfant qui aurait auparavant fréquenté une crèche. Cette hypothèse a connu et connaît encore un succès certain outre-Manche. Pour ma part, j'y vois plus un phénomène de mode (comme la science en connaît souvent) entretenu par certains représentants de l'industrie nucléaire. Deux raisons m'y poussent : la première est qu'il n'existe à ce jour aucun virus déjà identifié ou potentiellement responsable de la leucémie chez l'homme (contrairement au monde animal), et la seconde est que la reproduction de ce type d'étude en France n'a pas conduit à des résultats similaires [5].

Paula Cook-Mozaffari, de l'Unité d'épidémiologie du cancer d'Oxford, publie cette même année 1989 deux travaux de grand intérêt. Dans le premier, elle confirme l'excès de mortalité par leucémies chez les sujets de moins de vingt-cinq ans à proximité des établissements nucléaires, avec une méthode différente de celle de l'OPCS. Sa seconde recherche, en revanche, remet tout en cause. Elle repose sur l'idée originale de comparer la mortalité par leucémies autour des sites nucléaires à celle observée soit dans les mêmes zones avant la mise en route des installations nucléaires, soit dans les zones où de telles usines avaient été planifiées, mais jamais construites. Coup de tonnerre... Il n'y a aucune différence. Toutes ces zones pourraient donc partager des facteurs de risque inconnus mais autres que la pollution environnementale par radia-

5. Agnès Laplanche et Florent de Vathaire, « Leukaemia mortality in French communes (administrative units) with a large and rapid population increase », *British Journal of Cancer*, vol. 69, 1994, p. 110-113.

tions ionisantes. La responsabilité de ces dernières paraît définitivement écartée... mais cela n'est que partie remise.

Filiation nucléaire

Martin Gardner rebondit en 1990 avec les résultats de son étude cas-témoins [6], attendus avec impatience par la communauté scientifique internationale [7]. Il a fallu six ans pour que cette enquête, considérée comme correctement planifiée, exécutée et analysée, aboutisse. Mais l'avancée scientifique est à la hauteur des efforts déployés. Toutes les connaissances encore balbutiantes sur ce sujet sont prises à contre-pied. Les projecteurs ne sont plus braqués sur l'environnement mais sur le milieu professionnel. Cinquante-deux personnes de moins de vingt-cinq ans, chez lesquelles un diagnostic de leucémie a été posé durant la période 1950-1985, nées et résidant toujours au moment du diagnostic dans le comté de West Cumbria, constituent la série des cas. Pour chacune d'entre elles, deux groupes de huit témoins à visée comparative ont été recherchés. Ils devaient être de même âge, de même sexe, être nés et résider au moment du diagnostic au même lieu que les cas correspondants (pour éviter l'influence de ces facteurs en comparant les séries de cas et de témoins). Seulement 564 témoins répondant à ces critères d'appariement ont pu être sélectionnés à partir des registres de naissances, identifiés dans le registre central du National Health Service, et enfin retrouvés à l'aide des listes des patients enregistrés auprès des médecins généralistes. De nombreuses caractéristiques (antécédents médicaux, niveaux d'exposition à différents facteurs...) ont été recueillies, soit à l'aide d'un questionnaire, soit à partir de dossiers médicaux hos-

6. Voir encadré page 37-38.

7. Martin GARDNER, Michael SNEE, Andrew HALL, Caroline POWELL et John TERREL, « Results of case-control study of leukaemia and lymphoma among young people near Sellafield nuclear plant in West Cumbria », *British Medical Journal*, vol. 300, 1990, p. 423-429.

pitaliers ou des enregistrements des doses radioactives reçues par les parents dans l'industrie nucléaire.

Les agences de presse du monde entier rapportent le résultat principal de cette étude qui fait l'effet d'une bombe. Martin Gardner montre que les pères qui ont été exposés aux radiations ionisantes dans l'industrie nucléaire juste avant la conception de leur enfant ont huit fois plus de risques que leur progéniture souffre par la suite d'une leucémie. Il ajoute que cette exposition professionnelle peut expliquer l'excès de leucémies observé auparavant à Seascale, les pères y résidant et travaillant à Sellafield étant nombreux.

Les réactions ne se font pas attendre et les critiques pleuvent de toute part. Si ce résultat se confirmait, il faudrait en effet repenser l'ensemble de l'organisation du travail et des mesures de radioprotection de l'industrie nucléaire, avec un surcoût important. Martin Gardner fait front, répond point par point à ses détracteurs, sans se départir d'une stricte neutralité scientifique.

Ce qu'on ignore à ce moment, c'est que cette magnifique recherche constitue son chant du cygne, son legs scientifique. Il décédera quelque temps après d'une pathologie cancéreuse, laissant son œuvre inachevée. Martin Gardner reste le père spirituel que je m'étais choisi. Il m'a montré le chemin ; je lui ai emboîté le pas avec quelques années de retard. Je regrette de n'avoir jamais osé le rencontrer, tant la renommée internationale de ce chercheur impressionnait le jeune assistant que j'étais à l'époque. Aujourd'hui, il me manque infiniment, et je dois affronter seul les incertitudes scientifiques et les réactions exacerbées auxquelles il a dû lui aussi faire face.

Retour à la case départ

Puis, le pendule de la science en marche entame son mouvement inverse. En 1991, on revient, au moins partiellement, à l'hypothèse environnementale. James Urquhart, du service de santé écossais à Édimbourg, rend publique l'enquête cas-témoins qu'il a menée à Dounreay. Les effectifs sur lesquels elle porte sont beaucoup plus faibles qu'à Sellafield : 14 enfants de 0 à 14 ans atteints de leucémie ou de lymphome non-hodgkinien [8] entre 1970 et 1986 sont comparés à 55 enfants témoins, appariés sur le sexe, la date de naissance et le lieu de résidence au moment de la naissance. Aucun facteur en relation avec le travail dans l'industrie nucléaire n'est retrouvé, ce qui en fait ne confirme ni n'infirme la relation établie par Martin Gardner, au regard du petit échantillon considéré. Une seule exposition apparaît à risque : la fréquentation des plages locales par les enfants. Bien que J. Urquhart soit très prudent sur sa signification, elle se révélera à mes yeux capitale pour interpréter plus tard les résultats de La Hague.

En 1992, Roger Black, de la même équipe d'Édimbourg, compare, comme M. Gardner en 1987, la survenue des leucémies chez les écoliers de Dounreay, les uns nés sur place, les autres ailleurs. L'incidence est augmentée dans les deux cohortes (contrairement à Sellafield), ce qui suggère que, dans cette zone, le lieu de naissance n'est pas un facteur plus important que le lieu de résidence dans la survenue des leucémies observées.

Huit années se sont écoulées depuis la diffusion du documentaire de la Yorkshire Television, et la question de la persistance de ces excès au cours du temps devient pertinente. Gerald Draper, du Groupe de recherche sur le cancer de l'enfant, de l'université d'Oxford, montre en 1993 que la surincidence de Sellafield a perduré durant la période 1984-1990, et que les origines en demeurent toujours inconnues.

Eve Roman, de l'Unité d'épidémiologie du cancer, toujours à Oxford, termine cette même année l'enquête cas-témoins qu'elle a initiée dans la zone comprenant les éta-

8. Les lymphomes non-hodgkiniens représentent un groupe hétérogène de proliférations tumorales, aux caractéristiques proches de celles des leucémies. Les articles précédents les prenaient souvent en compte, mais les résultats présentés permettaient de distinguer les deux pathologies. Ce n'est pas le cas pour cette étude.

blissements nucléaires militaires d'Aldermaston et Burghfield. Cinquante-quatre enfants de 0 à 4 ans, dont le diagnostic de leucémie ou de lymphome non-hodgkinien a été fait entre 1972 et 1989, sont comparés à 324 enfants témoins appariés selon le sexe, l'âge, le lieu de naissance et de résidence. Le port d'un film dosimétrique (utilisé pour mesurer le niveau d'irradiation externe) par les pères des enfants représente le seul facteur de risque significatif. Bien qu'elle soit très prudente, parce que cette caractéristique ne constitue qu'un marqueur très indirect de l'exposition aux radiations ionisantes, E. Roman suggère que ses résultats vont dans le sens de ce qui s'appelle maintenant l'« hypothèse Gardner », à savoir le rôle de l'exposition radioactive sur le lieu de travail.

D'autres chercheurs empruntent cette nouvelle piste de recherche. L. Kinlen signe deux articles en 1993. Dans le premier, il compare 1 115 patients de moins de 25 ans, atteints de leucémies en Écosse ou dans le comté du North Cumbria (Angleterre), durant la période 1958-1990, à 3 345 témoins. Aucun risque particulier n'est mis en évidence, quel que soit le niveau d'irradiation professionnelle des parents durant la période préconceptionnelle. Dans le second article, il montre que le risque est élevé non seulement chez les enfants nés et résidant à Seascale, mais aussi chez ceux nés ailleurs et ayant ensuite rejoint cette zone (risque multiplié par huit par rapport aux enfants résidant ailleurs en Angleterre et au pays de Galles). De plus, chez ces derniers, seul un des pères d'enfant leucémique a été très exposé aux radiations ionisantes. L. Kinlen estime donc que, si les résultats de M. Gardner ne correspondent pas à de simples fluctuations aléatoires, alors ils ne constituent que le reflet d'une autre cause restant à découvrir.

Louise Parker (Département de la santé de l'enfant, université de Newcastle-upon-Tyne) complète les rapports de l'année 1993 par une approche novatrice. Son point d'entrée n'est pas constitué par les leucémies de l'enfant, mais par l'ensemble des 7 318 pères employés à Sellafield et ayant été exposés aux radiations dans les six mois précédant la conception de leur enfant. La dose moyenne reçue est plus élevée pour les pères résidant hors de Seascale. Donc si les radiations ionisantes étaient à l'origine des leucémies, ce n'est pas à Seascale qu'un agrégat aurait dû être observé, mais ailleurs.

En 1994, Richard Doll, l'une des figures les plus respectées de l'épidémiologie mondiale, prend position dans la prestigieuse revue *Nature* et déclare que « l'association entre irradiation paternelle et leucémie est largement ou totalement un résultat dû au hasard [9] ». Il reconnaît pourtant que les raisons de l'excès de Sellafield restent à découvrir. La recherche continue donc...

John Bithell, du Département de statistiques de l'université d'Oxford, s'y essaie en examinant l'incidence des leucémies et lymphomes non-hodgkiniens (de 1966 à 1987) chez les enfants, dans un rayon de 25 kilomètres autour de vingt-trois installations nucléaires. Il recherche un excès à proximité immédiate d'une de ces usines mais qui, à la différence des recherches antérieures, irait décroissant avec la distance (ce qui rendrait encore plus plausible la responsabilité de l'installation nucléaire). Il ne retrouve une telle tendance... que pour Sellafield.

Cette même année, la permanence de l'excès autour de Dounreay au-delà de la période initiale (1979-1984) est confirmée par Roger Black (Édimbourg). Selon lui, ce phénomène continue à représenter un motif d'inquiétude pour les années 1985 à 1991.

En 1996, Linda Sharp, du Département de médecine et thérapeutique de l'université d'Aberdeen, examine l'incidence des leucémies et lymphomes non-hodgkiniens chez les enfants de moins de 15 ans. Elle s'intéresse uniquement aux zones comprises dans un rayon de 25 kilomètres autour des sept sites nucléaires écossais durant la période 1968-1993. Au total, 1 287 enfants sont concernés et globalement aucune sur incidence n'est observée. En revanche, l'excès autour du seul site de Dounreay est toujours notable.

---

9. Richard Doll, John Evans et Sarah Darby, « Paternal exposure not to blame », *Nature*, vol. 367, 1994, p. 678-680.

Fin 1996, William Watson reconstitue à l'aide de modèles mathématiques les doses radioactives reçues par les populations autour de Dounreay. Au regard des estimations dosimétriques obtenues, ce chercheur pense qu'il n'est pas vraisemblable que l'excès de leucémies constaté soit dû au facteur unique que constituerait la contamination radioactive en provenance de l'usine de Dounreay.

D'autres recherches ont été menées en parallèle, mais en moins grand nombre, aux États-Unis, au Canada et en Allemagne. Leurs résultats sont globalement superposables, jusque dans leurs oppositions, à ceux obtenus au Royaume-Uni et ne sont donc pas évoqués ici.

Telle l'aiguille d'une boussole s'affolant à l'approche du pôle, la recherche épidémiologique peut sembler avoir erré entre des forces magnétiques opposées, retardant son avancée vers une vérité ultime. Pourtant ce désordre, inhérent à toute recherche scientifique, n'est qu'apparent et procède de la confrontation des connaissances, qui seule permettra l'émergence d'un savoir. Le danger est donc grand de voir certains acteurs sociaux, à dessein ou par ignorance, négliger ce processus dynamique. Tout un pan de la recherche et leurs auteurs peuvent ainsi être voués aux gémonies pour n'être pas en phase avec le mode de pensée dominant du moment.

Après treize ans d'efforts ininterrompus, impliquant les plus vives intelligences épidémiologiques et mobilisant d'importantes ressources financières, le mystère s'est à peine éclairci et l'énigme demeure presque entière.

La recherche épidémiologique : deux grands types d'enquête.

Un des objectifs de l'épidémiologie est de comprendre les causes des maladies ou au moins d'identifier les conditions qui sont associées à leur fréquence et à leur répartition, qu'on appelle *facteurs de risque*. On recueille pour cela diverses informations (état de santé, caractéristiques démographiques, habitudes de vie, expositions professionnelles...), auprès de nombreux individus. Deux schémas principaux d'étude peuvent être appliqués.

1. *L'enquête cas-témoins*

Cette enquête est par nature rétrospective, les épidémiologistes intervenant une fois l'événement de santé survenu. Ils repèrent soigneusement, au sein d'une population définie, tous les sujets atteints d'une pathologie donnée. Ils recueillent ensuite, en général lors d'un entretien (avec les sujets ou leurs proches), mais aussi à partir de documents (dossiers médicaux, fiches de postes professionnels...), toute information utile sur des expositions passées. Cette seule série de patients, qu'on appelle les cas, ne suffit pas à conclure. Pour authentifier le rôle des facteurs de risque, il faut en comparer la répartition à celle d'une série de sujets indemnes, les témoins, interrogés de façon rigoureusement comparable. La sélection de témoins, assurant la représentativité de l'échantillon, n'est jamais aisée en pratique. Elle constitue d'ailleurs un des motifs de querelle préférés des épidémiologistes.

Le fait que l'estimation de l'exposition fasse souvent appel à la mémoire, une fois l'état de santé connu, rend ces études un peu moins convaincantes sur le caractère causal des facteurs de risque retrouvés. C'est en revanche le seul type d'étude susceptible d'apporter une réponse rapide, quel que soit le lieu, et à un coût modéré. Pour ces raisons, il est très majoritairement utilisé dans la recherche épidémiologique.

2. *L'enquête de cohorte*

Beaucoup plus rarement, les épidémiologistes sont à l'œuvre avant qu'une maladie ne survienne. Ils sélectionnent soigneusement des groupes de sujets, soumis et non soumis à des conditions susceptibles d'influencer leur état de santé. L'enregistrement prospectif des maladies au cours des décennies suivantes permet de comparer leur fréquence, entre la cohorte exposée et la cohorte non exposée. Les facteurs de risque ayant été recueillis avant l'émergence de la pathologie, ces enquêtes sont plus convaincantes en termes de causalité. En revanche, le coût de ces études est énorme, leur mise en place dans la population générale se heurte à de fortes contraintes réglementaires et elles ne peuvent donner de réponses, après de longues années, qu'aux expositions pour lesquelles elles ont été planifiées.

4

Petites histoires d'en France

Les balbutiements épidémiologiques

Un premier travail autour de La Hague paraît en 1989 sous la plume de Marc Dousset, conseiller scientifique au Service central de protection contre les rayonnements ionisants (SCPRI), dépendant du ministère de la Santé [1]. Avant d'en rapporter les résultats, il n'est peut-être pas inutile de rappeler comment cet auteur s'est procuré les informations nécessaires à son étude. L'observatoire régional de santé (ORS) de Basse-Normandie avait acheté auprès de l'INSERM les données de mortalité locales, mais, pour des raisons techniques, en avait confié l'exploitation informatique à un laboratoire du CHU de Caen au début des années quatre-vingt. M. Dousset contacte logiquement le Dr Albert Collignon, chargé de mission à l'ORS (mais aussi conseiller scientifique de la Commission spéciale et permanente d'information, CSPI, de La Hague) et parvient à le

1. Marc Dousset, « Cancer mortality around La Hague nuclear facilities », *Health Physics*, vol. 56, 1989, p. 875-884.

convaincre du bien-fondé de son étude. Ce dernier, au nom de l'ORS, demande l'extraction des données au CHU, puis, une fois celles-ci reçues, les retransmet à M. Dousset. Dans l'article publié, nulle mention n'est faite de cette intervention, contrairement aux usages. Je découvre ainsi un des exercices favoris de ce milieu... agir dans l'ombre. Sur le fond, M. Dousset ne tire aucun enseignement des expériences britanniques. Son étude dans le canton de Beaumont-Hague porte sur de nombreux cancers, inclut tous les âges, fait appel à des méthodes mal décrites, et n'intègre aucune discussion médicale alors que la littérature internationale abonde sur ce sujet. Pour preuve, sept des dix pages de l'article ne comportent que des tableaux de nombres. Aucun excès de mortalité n'est mis en évidence.

En 1990, j'ai le privilège de voir ma première étude portant sur La Hague publiée par le *British Medical Journal (BMJ)* [2]. J'ai focalisé cette recherche sur la pathologie (leucémies) et l'âge (moins de 25 ans) pour lesquels des signaux forts étaient parvenus du Royaume-Uni. J'ai *a priori* tracé trois cercles concentriques (0-10, 10-20, 20-35 kilomètres) autour de l'usine et défini deux périodes d'étude (1968-1978 et 1979-1986). Aucun excès de mortalité n'est mis en évidence non plus, mais j'ai bien conscience de ne avoir pas utilisé le meilleur indicateur. J'exprime deux regrets dans la conclusion. Le premier est que la CSPI de La Hague n'ait pas rendu publics les résultats détaillés qu'elle avait à sa disposition (cf. *infra*). Et le second, qu'il n'existe pas de registre permanent des cancers dans cette zone, pour identifier tous les cas de maladies (incidence) et non seulement les décès (mortalité) [3]. Ces résultats, que je considère comme préliminaires, paraissent deux semaines après

2. Jean-François VIEL et Sylvia RICHARDSON, « Childhood leukaemia around the La Hague nuclear waste reprocessing plant », *British Medical Journal*, vol. 300, 1990, p. 580-581.

3. Un registre des cancers est une structure assurant un recueil continu et exhaustif de données nominatives en rapport avec cette pathologie, dans une population géographique définie, à des fins de recherche et de santé publique. Le registre de la Manche verra le jour en 1994, grâce à la volonté acharnée de médecins locaux qui, fédérant leurs efforts, parviendront à lever les obstacles un à un. La Cogema figurera parmi les financeurs.

l'enquête cas-témoins de M. Gardner, et sont loin d'apporter une contribution aussi décisive que cette dernière. Ils sont pourtant largement repris par la presse, car les journalistes s'interrogent déjà sur l'absence d'étude similaire en France. J'accuse six ans de retard sur les Britanniques, mais j'ai le sentiment de faire œuvre utile.

Cette même année 1990, Catherine Hill, de l'unité INSERM n° 351, à Villejuif, fait paraître une lettre dans la revue *Nature* où elle compare les environs de six sites nucléaires français à autant de zones témoins [4]. Choisissant à propos la tranche d'âge 0-24 ans, elle n'identifie aucun excès de mortalité par leucémies. En revanche, elle observe un doublement significatif de la mortalité par lymphomes non-hodgkiniens, mais l'attribue au hasard.

Laver plus blanc

En 1990, personne ne peut être blâmé d'avoir étudié rétrospectivement la mortalité et non l'incidence de cette maladie. En effet, dans les années soixante-dix, les taux de guérison des enfants leucémiques étaient faibles, et la mortalité représentait donc l'essentiel du phénomène. Mais les succès thérapeutiques ne cessant de croître par la suite (pour atteindre 70 % dans les années quatre-vingt-dix), la mortalité ne constitue plus de nos jours que la partie émergée de l'iceberg leucémie ; c'est bien la *morbidité* (occurrence de la maladie) qu'il faut prendre en compte.

Cela nous mène à quelques artifices, qui se révèlent très opérants quand l'objectif final, avoué ou non, est de ne rien trouver. Ou comment laver plus blanc... Une première ficelle est de n'étudier ni les pathologies suspectées, ni les tranches d'âge adéquates, et donc de ne pas se donner les moyens de vérifier des hypothèses avancées sur d'autres sites, aussi dérangeantes soient-elles. M. Dousset semble

---

4. Catherine Hill et Agnès Laplanche, « Overall mortality and cancer mortality around French nuclear sites (letter) », *Nature*, vol. 347, 1990, p. 755-757.

ainsi être resté sourd aux informations de Sellafield déjà disponibles à cette époque.

Le deuxième artifice consiste à retenir encore, pour les années récentes, la mortalité comme indicateur. Dans ce cas, seule une partie des effectifs est prise en compte (30 % pour les leucémies) et se révèle généralement insuffisante pour pouvoir mettre en évidence un excès réel raisonnable (on dit alors que la « puissance statistique » est faible). On m'objectera qu'il n'existe pas de registre national des cancers en France (nous y reviendrons longuement), et que les données de mortalité sont fiables, et d'accès aisé pour les chercheurs. Je rétorquerai que, s'il fallait toujours céder à la facilité et n'analyser de sa tour d'ivoire que des données certes disponibles mais aux limites sérieuses, l'apport de la recherche serait bien mince. L'épidémiologie est aussi et surtout un exercice de terrain, de contacts, d'échanges. Espoirs et découragements se succèdent au rythme des fatigues et des difficultés logistiques. Le progrès dans la connaissance est à ce prix. Le choix de la mortalité n'est donc absolument pas neutre, d'autant qu'il se double souvent d'une erreur épistémologique implicite, et grave, selon moi. La séquence de cette logique pernicieuse est la suivante : les résultats ne sont pas statistiquement significatifs, ainsi l'hypothèse n'est pas prouvée (jusque-là le raisonnement se tient), elle est donc fausse (c'est là que se situe l'hiatus), et la population peut être rassurée. Tout va pour le mieux dans le meilleur des mondes ! Rappelons avec force qu'en épidémiologie comme ailleurs l'absence de preuve ne constitue pas la preuve de l'absence. Ce rapport de forces statistique et épistémologique joue évidemment en faveur des industries potentiellement génératrices de pollutions.

Le troisième moyen pour éviter les résultats qui dérangeraient est de diluer artificiellement le niveau du danger [5]. Une méthode simple pour y parvenir est de regrou-

---

5. Cette technique est très classique dans le domaine de la pollution. Par exemple, en cas de dépassement du seuil légal de nitrates dans l'eau potable, plutôt que de limiter les apports en nitrates ou de dénitrater l'eau à destination de la consommation humaine, on préfère mélanger les eaux de deux réseaux d'adduction différents.

per dans une même analyse statistique une usine de retraitement de déchets nucléaires (telle que La Hague) et des centrales nucléaires de production électrique, alors que la première, ainsi qu'on l'a vu, rejette dans l'environnement des doses de radioactivité très supérieures aux secondes. On noie ainsi dans la masse un établissement potentiellement plus menaçant, ce qui, augmentant le bruit de fond, fait perdre toute possibilité d'identifier un éventuel excès d'amplitude moyenne, mais réel. On touche là à un autre élément constitutif du rapport de forces défavorable entre citoyens et industriels. Les risques environnementaux pour la santé sont modérés ou faibles (mais peuvent affecter une population nombreuse et ainsi constituer une authentique menace pour la santé publique). Or plus le risque est bas, plus il est difficile de l'identifier.

Pour ma part, je me suis résolument attaché à ne plus publier à partir de 1990 que des résultats portant sur la morbidité et uniquement autour du site de La Hague. Je savais alors emprunter la face nord de l'épidémiologie, difficile mais unique façon de s'approcher du sommet.

Des données d'incidence de la leucémie dans la Manche étaient déjà disponibles pour les années 1979-1981, grâce à un travail effectué par le Dr Albert Collignon. Dès 1989, je tente de les obtenir auprès de ce dernier, ainsi que du Dr Jean Robillard (alors directeur du registre général des tumeurs du Calvados) pour compléter mes enregistrements. Après un accord de principe, A. Collignon me les procure sur disquette, mais, par la suite, me refuse les vérifications nécessaires auprès des dossiers-papier. L'information reste donc inutilisable. De son côté, J. Robillard, à qui j'avais écrit pour lever cet obstacle, me fait savoir que le registre n'est pas propriétaire des données. Le microcosme cancérologique bas-normand semble marquer une certaine fébrilité. Je m'adresse donc au député Bernard Cauvin, président de droit de la CSPI de La Hague... qui à son tour me renvoie sur le Comité technique régional de cancérologie (CTRC)... où je retrouve J. Robillard, président en exercice. La boucle est bouclée ! Avant que je n'en fasse officiellement la demande, A. Collignon présente mon projet au CTRC en des termes que j'ignore. Deux mois plus tard, J. Robillard me fait part par écrit des « réticences des membres du comité à transmettre des informations pour une utilisation par cantons ». Je n'aurai jamais accès à ces enregistrements et pendant des mois je chercherai à valider un cas de leucémie, notifié sur la disquette, mais inconnu des acteurs de santé du canton de Beaumont-Hague. En vain... Je sais dorénavant qu'il ne faudra compter que sur mes propres forces et ma seule détermination. Mais j'étais loin d'imaginer à ce moment la dureté des épreuves à venir.

Les premiers signaux

Trois ans supplémentaires me sont nécessaires avant de rendre publique, en 1993, la première enquête d'incidence jamais réalisée autour d'un site nucléaire français [6]. Sur mes propres deniers j'ai sillonné la Basse-Normandie, dépouillant à la main des centaines de dossiers médicaux à la recherche des cas les plus anciens. Pour la période plus récente, j'ai heureusement bénéficié d'exploitations informatiques réalisées par des médecins dont j'avais reçu l'enseignement ou avec qui j'avais fréquenté les bancs de la faculté. Ce travail méticuleux est exténuant, mais le soutien et la confiance de mes collègues sont sans faille. Je m'intéresse à la même pathologie (leucémies), à la même classe d'âge, et aux mêmes distances que dans l'étude de mortalité. Sur la période 1978-1990, j'arrive à identifier vingt-trois cas et je constate un excès d'incidence, statistiquement non significatif, dans le canton de Beaumont-Hague. Au vu de la fourchette d'incertitude statistique, on peut considérer que cet excès peut ne correspondre à aucun risque réel, tout comme il peut relever d'un risque

6. Jean-François VIEL, Sylvia RICHARDSON, Patrick DANEL, Patrick BOUTARD, Michèle MALET, Paul BARRELIER, Oumedali REMAN et André CARRÉ, « Childhood leukemia incidence in the vicinity of La Hague nuclear-waste reprocessing facility (France) », *Cancer Causes & Control*, vol. 4, 1993, p. 341-343.

multiplié par sept. Ma conclusion est donc que le doute n'est pas levé.

Dès la parution, le 6 juillet 1993, les médias français relaient l'information. *Libération* figure parmi les premiers [7]. Dans la matinée, le Dr Jean-Marie Gelas, coordonnateur médical de la Cogema, me joint au téléphone. Il commence par me féliciter puis, très vite, me reproche d'avoir laissé diffuser des informations qui auraient dû rester « entre nous, médecins ». L'opposition sur ce point est patente entre le praticien de santé publique que je suis et l'ancien médecin militaire puis médecin inspecteur du travail en Nouvelle-Calédonie qu'il fut. Nous convenons tout de même d'un rendez-vous qui a lieu le 20 juillet 1993 dans ses locaux à Vélizy. J'ai peine à dire que l'atmosphère soit particulièrement cordiale ou insouciante ce jour-là. Nous devisons courtoisement mais chacun sur nos gardes, accompagnés du Dr Philippe Royer, chef du service médical du travail à Cogema-La Hague, et du Dr Dominique Pobel, médecin épidémiologiste qui m'a rejoint peu avant pour poursuivre les travaux dans ce domaine. Au cours de notre entretien, J.-M. Gelas consulte son dossier « Viel », qui m'apparaît déjà bien épais. Il comprend de nombreuses coupures de presse dont je ne possède qu'une partie. Il m'autorise fort aimablement à photocopier celles qui me manquent, feuilletant le classeur. Et là, surprise... Au détour d'une page apparaît le manuscrit dactylographié de l'article venant juste de paraître. Il y a donc eu fuite plusieurs mois auparavant. Devant mon étonnement indigné, P. Royer me répond que ce manuscrit a été transmis à la Cogema par le « Service de santé des armées ». J'ai quelques idées sur le sous-marin responsable de cette fuite, mais aucune preuve définitive. Je prends dès cette minute de nombreuses mesures de sécurité dont je ne connaîtrai jamais l'efficacité réelle. Suis-je sur écoute téléphonique ? Que je n'ai ensuite jamais prévenu la Cogema du contenu de mes recherches

7. Hervé Kempf, « La Hague sous surveillance médicale », *Libération*, 6 juillet 1993.

avant leur publication, comme cela m'a été reproché plus tard, ne devrait pas surprendre.

Je continue donc mon travail de fourmi pour collecter les nouveaux cas de leucémie survenant dans le Nord-Cotentin, avec l'appui indéfectible de mes correspondants locaux. Parallèlement, je suis de plus en plus persuadé que les outils statistiques disponibles manquent de puissance pour les situations, telles à La Hague, où un point source de pollution est précisément identifié. Il y a là une voie prometteuse à explorer, et je commence à référencer les équipes internationales travaillant sur ce sujet. Une rencontre particulière se révèle déterminante. En 1993, Andrew Lawson, chercheur écossais à Dundee, invente une nouvelle méthode, dite d'« extraction cartographique », qui répond à la plupart de mes attentes théoriques. Je prends rapidement contact avec lui, puis séjourne trois mois en Grande-Bretagne durant l'été 1994, pour acquérir le savoir-faire émergeant de différents laboratoires, dont le sien. Nous travaillons ensemble sur les données d'incidence déjà disponibles (1978-1990) mais étendues jusqu'à 1992 inclus, car les données de 1993 ne sont pas encore validées (nous sommes, rappelons-le, en 1994). Sa méthode consiste, à l'aide de concepts mathématiques sophistiqués, à localiser géographiquement un excès de leucémies, en soustrayant aux effectifs de leucémies observés un nombre de leucémies correspondant au risque de base. En effet, des leucémies surviennent dans la France entière, qu'il y ait ou non une usine nucléaire à proximité. Ce risque de base est exprimé sous la forme d'effectifs de leucémies attendus, calculés en fonction de la pyramide des âges de la population étudiée et de taux de référence (nationaux par exemple).

Je revois notre étonnement quand les premières cartes sortent de l'imprimante. Il existe un pic de leucémies au sud-est immédiat de l'usine de retraitement et nulle part ailleurs ! Ce résultat est associé à un intervalle de variation important (dû au faible nombre de cas), mais tout de même ! Pour confirmer ce pic totalement inattendu, je procède à une analyse de sensibilité qui consiste à vérifier l'homogénéité des résultats sous des conditions variées (en faisant varier plusieurs paramètres du modèle statistique d'origine, ou utilisant différents tests). Je montre avec une autre méthode que l'effet est maximal dans le canton de Beaumont-Hague (qui contient l'usine de retraitement) et décroît avec la distance. J'utilise les données de différents registres comme taux de référence. Rien n'y fait, l'excès paraît bien réel. Je présente ces résultats dans deux congrès internationaux de renom [8]. Les réactions des scientifiques présents sont constructives et ne remettent pas en cause le bien-fondé de mon approche. Je décide toutefois de procéder à une ultime vérification en soumettant ces données pour publication à la revue anglo-américaine *Statistics in Medicine*.

Sur ces entrefaites, trois chercheurs de l'unité INSERM 351 publient un bref rapport en 1995 [9]. On y parle encore de mortalité, on y mélange toujours l'usine de La Hague non plus avec cinq centrales nucléaires de production électrique, mais cette fois-ci avec douze d'entre elles. C'est couru d'avance... et le résultat est sans surprise. Aucun excès de mortalité n'est trouvé.

Des réactions violentes

Pour ma part, après quelques demandes d'amélioration, ma recherche est publiée fin novembre 1995 [10]. Ma déontologie a toujours été d'obtenir la validation préalable de pairs anonymes, avant d'accompagner les résultats auprès du grand public.

Parallèlement, Didier Dubrana, rédacteur en chef

---

8. XVIIth International Biometric Conference, Hamilton, Canada, 1994; Vth International Conference on Statistical Methods for the Environmental Sciences, Burlington, Canada, 1994.

9. Jean-Marc Hattchouel, Agnès Laplanche et Catherine Hill, « Leukaemia mortality around French nuclear sites », *British Journal of Cancer,* vol. 71, 1995, p. 651-653.

10. Jean-François Viel, Dominique Pobel et André Carré, « Incidence of leukaemia in young people around the La Hague nuclear-waste reprocessing plant : a sensitivity analysis », *Statistics in Medicine*, vol. 14, 1995, p. 2459-2472.

adjoint de *Science et Vie*, me propose de consacrer la place nécessaire à un exposé argumenté de la situation sanitaire autour de La Hague. Connaissant la crédibilité scientifique et les qualités didactiques de ce mensuel, j'accepte. Trois articles apportent des éclairages complémentaires et me sont soumis pour commentaires avant diffusion, ce qui est exceptionnel dans ce milieu. Au total, dix pages sont comme promis réservées à ce dossier et j'apprécie particulièrement la publication de la courbe d'incertitude, venant pondérer l'effet du pic de leucémies. Je ne suis évidemment pour rien dans le choix des intertitres, ou du graphisme de couverture, que j'ai découverts le jour de la publication [11]. Le marketing journalistique suit des règles qui ne s'accommodent pas toujours des hésitations scientifiques.

Les réactions de deux de mes collègues de l'INSERM (Catherine Hill et Sylvia Richardson), sous forme d'un fax adressé à la rédaction du *Monde* (et faisant suite à un article de Jean-Paul Dufour [12]), sont violentes. Elles veulent « réagir contre cette pratique abusive de la statistique qui conduit ici à une présentation alarmiste de résultats épidémiologiques ». C'est oublier un peu vite la grande prudence de mes commentaires, et la courbe d'incertitude associée au pic de leucémies (qu'elles contestent d'ailleurs sans preuve, et à tort, ayant revérifié après ces accusations tous les calculs avec A. Lawson). Elles me reprochent d'avoir manqué à la « bonne pratique statistique en ne donnant pas la fourchette de précision de l'effet observé », qui pourtant figure explicitement dans l'article. Elles suggèrent également que j'aurais analysé les données juste après l'observation d'un cas supplémentaire dans le canton de Beaumont-Hague. Cela constitue une contre-vérité. Le système d'information que j'avais mis en place ne m'autorisait pas à scruter au jour le jour l'émergence de nouveaux cas. Les données de l'année

11. « L'enquête qui dérange : nucléaire et cancer », *Science et Vie*, n° 939, décembre 1995.

12. Jean-Paul Dufour, « Une augmentation des cas de leucémies est détectée près de La Hague », *Le Monde*, 1er décembre 1995, p. 20.

1993 n'étaient pas encore validées quand j'ai commencé ces analyses et par hasard, durant la période 1991-1992, un nouveau cas est survenu dans le canton incriminé. Pourquoi mes détractrices ne me créditent-elles pas de la confiance (et non de la défiance) qu'on attribue *a priori* à tout chercheur ? « En publiant simultanément [ces] résultats dans une revue de statistique et, en exclusivité, dans un journal grand public, J.-F. Viel a complètement court-circuité le débat épidémiologique avec d'autres experts. » Il y a pourtant eu débat, et je conçois que n'ayant pas le don d'ubiquité, C. Hill et S. Richardson ne puissent courir le monde pour assister à tous les congrès. En conclusion, elles pensent « qu'il n'est pas éthique d'alarmer la population locale et en particulier les familles des enfants malades sur des bases aussi incertaines ». Le fossé est grand entre la logique du médecin de santé publique, présent sur le terrain, qui croit de son devoir d'alimenter un débat de société, même si la thématique est complexe, et la logique du statisticien non médecin, qui se drape dans sa dignité institutionnelle.

Ce texte inaugurait, sans que je le sache, une impressionnante série de notes, commentaires, synthèses, résumés sur ma recherche, dont je ne découvrirai l'existence (et rarement le contenu) que des mois plus tard, par des voies plus ou moins détournées. Ainsi, A. Collignon, dans un document interne à la CSPI La Hague, daté du 28 décembre 1995, se fend d'un argumentaire de dix pages. Aucun aspect de mon article ne trouve grâce à ses yeux. Il dissimule pourtant mal une totale méconnaissance des méthodes employées. Cela est d'ailleurs fort compréhensible, car les chercheurs familiers avec ces développements statistiques se comptent sur les doigts de la main en France. Raison de plus pour les contacter afin de ne pas commettre d'erreurs d'interprétation, ou de documentation bibliographique, nombreuses dans sa diatribe. Il m'attribue des positions « tranchées » que je n'ai pas tenues, et juge que la discussion des hypothèses étiologiques apparaît « artificielle et quelque peu oiseuse ». Il sait pourtant parfaitement que seule l'étude cas-témoins en cours permettra d'avancer dans ce domaine. Pour conclure, A. Collignon extrait quelques phrases d'un ouvrage approximativement référencé (F. Milhaud, *Initiation à la statistique à l'usage des médecins et des biologistes*) : « La forme d'esprit qui est nécessaire au statisticien est quelque chose de spécial. C'est un esprit critique sans cesse en éveil. C'est un mélange de subtilité et de rigueur. Plus exactement, c'est une subtilité mise au service de la rigueur. Et, à la source de cet esprit critique et de ce besoin de rigueur, c'est un fanatisme de l'honnêteté intellectuelle. » Comprenne qui pourra. Cette haute pensée m'est-elle adressée comme un reproche, ou tente-t-il de se convaincre lui-même ?

L'Association pour le registre du cancer dans la Manche (ARKM) demande de son côté une évaluation au Dr Guy Launois, chercheur INSERM au registre des tumeurs digestives du Calvados. Lui seul me demande directement des compléments d'information, que je lui livre bien volontiers. Lui seul écrit un rapport circonstancié et balancé, à mes yeux ; il a la gentillesse de m'en envoyer une copie.

A ce stade de ma recherche, je me garde bien de conclure à une relation de cause à effet entre la présence de l'usine de retraitement de déchets nucléaires de La Hague, et l'excès de leucémies observé dans le canton de Beaumont-Hague. Seule l'étude cas-témoins qui progresse depuis 1993 permettra d'en savoir plus. J'espère être en mesure de rendre les résultats publics un an plus tard.

II

A la recherche de la causalité épidémiologique

5

De la méthode...

L'enquête idéale

Depuis 1990, une question mobilise régulièrement mes réflexions : quelle enquête mettre en place pour aboutir à des résultats les moins critiquables et donc les plus convaincants possible ? Je n'en ignore pas la réponse idéale (enquête de cohorte), mais est-elle applicable ? Il faudrait pour cela identifier tous les enfants qui ont habité un jour à proximité des établissements nucléaires du Nord-Cotentin, constituant la cohorte des enfants exposés. On en comparerait la fréquence de leucémies à celle d'un groupe d'enfants non exposés, c'est-à-dire ayant résidé dans la même région, mais à distance (qui serait à définir) des usines atomiques. Cela requiert d'abord l'identification de ces individus, puis le recueil de leurs dates de naissance, d'arrivée et de départ du Nord-Cotentin, et si possible de leurs habitudes de vie, de la profession de leurs parents, etc. Une condition supplémentaire consiste en la localisation de ces personnes, où qu'elles habitent, parfois des dizaines d'années après. Il resterait encore à authentifier leur état de santé. Je dois me faire une raison : une telle enquête de cohorte est pure utopie en France !

Tout d'abord, il n'existe aucun registre national des naissances, qui permettrait déjà d'identifier un sous-ensemble de la cohorte (les enfants nés dans le Nord-Cotentin, qui donc *a fortiori* y ont passé une partie de leur vie), mais aussi d'obtenir de précieuses informations sur la période périnatale pouvant constituer des facteurs de risque. Ensuite, les données de recensement nominatives sont interdites d'accès aux chercheurs n'appartenant pas à l'INSEE. Il est de ce fait strictement impossible de savoir où habite, à un moment donné, un enfant précis. On ne peut donc déjà pas dessiner avec précision les contours des cohortes qui nous intéressent. Qui plus est, les recensements, qui avaient lieu jusqu'alors tous les sept à huit ans, vont dans l'avenir être encore plus espacés, ce qui diminuera d'autant leur intérêt potentiel. Enfin, quand bien même les cohortes seraient-elles définies, l'absence d'un registre national des cancers (il n'existe que quelques registres départementaux), en ne permettant pas de repérer nominalement les leucémies survenues sur l'ensemble du territoire, mettrait à mal tout l'édifice.

Les seules enquêtes de cohorte qu'il soit possible de conduire en France concernent soit les salariés d'entreprises (bien que leur suivi devienne très problématique à leur retraite), soit des sujets volontaires acceptant d'informer les épidémiologistes de leurs migrations pour que leur suivi soit complet. Encore faut-il mentionner que l'événement de santé le plus souvent utilisé est la mortalité (et non l'incidence) grâce à l'autorisation très récente (1994) d'accès aux certificats de décès individuels. Je soutiens donc qu'en France une enquête de morbidité sur une cohorte de population générale est hors d'atteinte. Pourtant, comme nous le verrons plus loin, certains pays européens ont su, par une démarche volontariste, rendre possibles ces recherches pour orienter leurs politiques de santé publique.

Cas et témoins

Reste donc l'enquête cas-témoins. J'ai quelques atouts en main, puisque je connais les lieux de résidence des enfants et jeunes leucémiques [1] au moment de leur diagnostic, les ayant utilisés dans les enquêtes descriptives spatiales déjà évoquées.

Je définis avec beaucoup de précautions la séric des témoins et je fixe leur effectif à dix pour chaque cas (en espérant qu'en moyenne huit seront recrutés à la fin de l'étude) afin d'atteindre une puissance statistique suffisante.

Je décide, comme il est souvent conseillé, d'*apparier* cas et témoins sur quelques caractéristiques. Certains facteurs de risque sont parfois si prépondérants qu'ils masquent l'effet d'autres expositions, lesquelles constituent pourtant l'objet principal de la recherche. Pour éliminer l'influence des premiers, on choisit pour chaque cas des témoins répondant à ces mêmes caractéristiques, devenues ainsi *critères d'appariement*. Dans cette enquête, les témoins doivent être de même sexe, de même âge (± un an), de même région de naissance (Nord-Cotentin ou ailleurs), et de même lieu de résidence (même canton ou canton contigu) que le cas considéré. L'influence de ces facteurs ne pourra plus être étudiée par la suite puisque, par définition, leur répartition est strictement identique entre les deux séries. Je sais à ce moment que, par exemple, l'appariement sur le canton de résidence interdira d'étudier le rôle de la distance de l'habitation aux usines nucléaires de la zone.

Trois choix s'offrent à moi. Le premier, incontestablement le meilleur, consiste à tirer au sort dans la population générale. Cela implique l'existence d'une liste nominative, qu'on appelle base de sondage, précisant les quatre critères d'appariement retenus pour vérifier l'adéquation des

1. Il s'agit de sujets âgés de moins de 25 ans lors de leur diagnostic de leucémie. Par simplification, le seul terme d'« enfants » sera souvent utilisé par la suite.

témoins sélectionnés par le sort. Cette solution est très vite écartée, faute d'accès aux données de recensement. Le deuxième choix a été celui de M. Gardner. Après avoir retrouvé l'individu leucémique sur les listes de naissances, on recherche en amont ou en aval les plus proches naissances répondant aux critères d'appariement. Reste ensuite à les tracer et les retrouver. Je décide de retenir cette méthode avec quelques aménagements. Puisqu'il n'existe pas de registre des naissances, il me faudra passer par les dossiers médicaux des maternités qui, par chance, ne sont qu'au nombre de deux dans cette zone. Pour les quatre enfants leucémiques nés hors du Nord-Cotentin, cela sera un peu plus difficile mais j'emploierai les moyens nécessaires. En revanche, j'anticipe de très grandes difficultés logistiques pour retrouver ces nouveau-nés devenus adolescents ou adultes. J'en teste la faisabilité en effectuant une recherche par Minitel pour obtenir l'adresse des enfants leucémiques (que je connais par ailleurs) uniquement à partir de leur nom. Le résultat est bien imparfait. La troisième solution que je garde en réserve repose entièrement sur les médecins généralistes qui ont soigné les enfants leucémiques. Une sélection adéquate de témoins parmi leur clientèle paraît possible selon les données de la littérature scientifique. Je ne retiens pas, à cette époque, le sondage téléphonique, très en vogue aux États-Unis, mais pour lequel l'expérience française est faible. Je crains en particulier un biais de sélection, la possession d'un téléphone en France pouvant encore être moins fréquente dans les foyers à revenus modestes ; ils seraient alors sous-représentés dans l'échantillon des témoins. Je doute aussi de l'acceptabilité de cette procédure dans une région encore largement rurale.

Règles protocolaires

Tout projet de recherche qui se respecte passe par la rédaction d'un protocole, qui précise l'état des connaissances sur le sujet, l'hypothèse testée, la nature et le mode de recueil des informations nécessaires, les méthodes d'analyse statistique envisagées, les financements requis et les délais de réalisation. Je me soumets de bon gré à cette pratique très structurante. J'ai bien en tête les études menées au Royaume-Uni. Je contacte mes collègues britanniques, qui me font parvenir le questionnaire d'entretien à la base de leur propre enquête cas-témoins.

Outre la méthode de sélection des témoins par l'intermédiaire des maternités, je précise les sources d'informations : le dossier d'accouchement pour la période pré- et périnatale, le questionnaire à remplir lors d'un entretien avec les parents, et les dossiers professionnels des industriels du nucléaire (pour disposer des doses radioactives reçues par les parents qui auraient travaillé dans ce secteur).

Enfin, les méthodes statistiques répondent aux règles de l'art du moment, et seront même affinées grâce à la mise à disposition des scientifiques d'un logiciel sophistiqué peu de temps avant l'analyse effective des résultats. Nous sommes le 15 octobre 1992, le protocole est prêt, en l'attente d'un financeur.

6

Préparatifs de campagne

L'INSERM, bailleur de fonds

A cette même époque, l'INSERM lance un appel d'offres, intitulé « Contrats de recherche externe » (ce sera la dernière année), à destination soit de chercheurs INSERM isolés (c'est-à-dire n'appartenant pas à une unité INSERM), soit de chercheurs totalement étrangers à cette institution, tels que les universitaires. Le projet sur La Hague est adressé, après de multiples visas locaux, le 30 octobre 1992 à l'INSERM, pour expertise par la commission scientifique spécialisée en épidémiologie et santé publique. Composée pour partie de membres élus et pour le reste de chercheurs désignés par le directeur de l'INSERM, elle comprend quelques-uns des meilleurs noms de l'épidémiologie française. Quelques mois plus tard, le 21 juin 1993, j'apprends que le projet est soutenu par l'INSERM à hauteur de 400 000 francs (le maximum pour ce type de contrat), et qu'il a été classé premier par la commission. Je suis serein, le sceau de l'INSERM représente une garantie scientifique, que je crois à cet instant absolue.

Le contrat, conclu pour la période du 1er juillet 1993 au 30 juin 1996, est clair. Cinq mois après la date d'expiration, je dois avoir rendu un rapport scientifique d'ensemble pouvant être « soit un tiré à part (ou à défaut une photocopie) de la publication (journal reconnu de niveau international) issue des travaux, si le titre de cette publication reflète bien l'objet du contrat. Peuvent être mentionnés les articles sous presse, sous réserve qu'ils aient été formellement acceptés par une revue [...] soit un rapport scientifique complet, si les travaux n'ont pas pu donner lieu à publication ». De plus, un rapport financier définitif doit être adressé dans les six mois après la date d'expiration, par l'organisme gestionnaire des fonds, à savoir l'université de Franche-Comté.

Bien que conduire et publier une enquête épidémiologique en trois ans relève de la gageure, les termes du contrat seront scrupuleusement respectés.

Le noyau dur

Entre-temps, j'ai été rejoint en avril 1993 par le Dr Dominique Pobel, en provenance de Lyon. Ancienne interne de santé publique, elle bénéficie d'une allocation de recherche, versée par le ministère de la Recherche et de la Technologie. Son bagage technique déjà solide, associé à une grande rigueur, lui permet sans peine de finaliser le questionnaire, puis par la suite d'assurer toute la logistique de l'étude, tant sur le terrain que dans le traitement des données.

Nous recevons les services du Dr André Carré quelques semaines plus tard. Ancien médecin généraliste à Beaumont-Hague, il est depuis devenu médecin-conseil à la Mutualité sociale agricole. Homme affable, il conserve d'excellentes relations avec ses anciens confrères et, qui plus est, possède une compétence particulière dans les maladies du sang. Avec l'autorisation de sa hiérarchie, il sera notre poisson pilote sur le terrain. A lui les aspects relationnels.

Puis, c'est Laurent Bocéno, socio-anthropologue de la santé, qui complète le noyau dur. Son expérience dans les techniques d'entretien, ainsi que le recul qui sied à tout sociologue seront d'un apport inestimable dans la conduite du projet.

L'équipe de choc est maintenant constituée et je devrai beaucoup à mes coéquipiers, sans qui l'étude n'aurait jamais abouti. S'ils ne sont pas toujours mentionnés, ils apparaissent en filigrane dans toutes les étapes qui suivent.

Difficile CNIL

Le projet passe inévitablement par la constitution d'un fichier informatique indirectement nominatif, puisque quelques paramètres (âge, sexe, commune de résidence) suffisent très souvent à identifier la personne concernée. L'avis favorable de la Commission nationale de l'informatique et des libertés (CNIL) représente donc une condition *sine qua non*.

Le questionnaire, pièce essentielle du dossier, est maintenant prêt. Nous avons pris soin d'inclure les questions posées par M. Gardner, traduites mot pour mot, afin d'autoriser des comparaisons futures entre les deux études. Ont été adjoints d'autres items fondés sur des données de la littérature scientifique. Son acceptabilité et sa pertinence sont testées lors d'une phase pilote auprès d'une dizaine de parents d'enfants leucémiques de Besançon. Quelques modifications mineures sont apportées.

La demande d'avis se révèle complexe à établir, et nous demande un mois et demi de travail. Elle est adressée le 16 juin 1993 à la CNIL, qui, quelques semaines plus tard, ajourne sa décision. Elle réclame des précisions sur les notes d'information et le formulaire de consentement à faire signer aux participants ; les destinataires des informations ; les mesures de sécurité et de protection des données mises en place. Il nous faut aussi préciser « les motifs justifiant la collecte des dates précises de naissance de l'enfant et des parents, du niveau d'étude ; [...] [ainsi que] toutes informations utiles sur les modalités d'élaboration de ce questionnaire ». Nos justifications scientifiques tiennent sur six pages et reposent sur vingt-quatre publications internationales.

Le 26 août, la demande d'avis modifiée est retournée, et le 13 octobre, la CNIL donne enfin un avis favorable mais avec une réserve de taille : la consultation des dossiers médicaux nous est interdite ! Bien que les registres du cancer départementaux reposent sur ce principe depuis de nombreuses années, bien que le législateur soit sur le point de voter une loi autorisant la communication de données médicales nominatives entre médecins et organismes de recherche... Cela remet en cause toute notre procédure de sélection des témoins à partir des dossiers de maternité. Il faut donc en urgence activer le troisième choix possible, reposant sur les médecins généralistes.

Pour autant, la procédure CNIL n'est pas achevée. Il reste à faire adopter un projet d'acte réglementaire par le conseil d'administration de l'université de Franche-Comté, l'envoyer à la préfecture de la Manche pour qu'il soit publié au recueil des actes administratifs de ce département, et retourner une copie de ce recueil à la CNIL. Cela prendra plusieurs semaines.

Parallèlement, comme prévu dans la demande d'avis, j'envoie un communiqué de presse aux journaux locaux, expliquant l'objectif et le contenu de l'enquête. J'adresse dans le même but, le 10 septembre 1993, une lettre au président du conseil départemental de l'ordre des médecins de la Manche, qui n'y répondra jamais, et je rencontre le Dr Jean-Luc Mouchel, président de l'Association pour le registre des cancers du département de la Manche (ARKM). Il contactera l'ensemble de ses adhérents pour qu'ils nous apportent leur aide. Deux nouveaux cas de leucémie seront ainsi identifiés.

Frictions nucléaires

Conjointement aux démarches précédentes, j'ai pris contact par courrier du 15 février 1993 avec le Dr Philippe Royer, médecin-chef du service de médecine du travail de Cogema-La Hague. Je souhaite bénéficier de sa collaboration pour disposer dans l'avenir des dosimétries des quelques parents d'enfants impliqués dans l'étude, qui ne manqueront pas d'y travailler.

Le 2 avril, je me rends à Paris au Medec, le salon des médecins, pour y recevoir le prix « Médecins de la génération 2000 » que la revue *Impact Médecin* vient de me décerner (en partie pour mes travaux déjà publiés sur La Hague), ainsi qu'à d'autres jeunes confrères. A mon arrivée, je tombe nez à nez avec un stand de la Cogema. J'y apprends incidemment que le groupe organise à cet instant une session sur le thème « Santé et environnement », dont l'hôtesse suit le déroulement sur un écran de contrôle. Elle m'y décrit les Drs J.-M. Gelas et P. Royer, de la Cogema. Piqué par la curiosité et disposant d'une heure devant moi, je me rends dans la salle de conférence, où la session vient juste de débuter. La mise en scène est somptueuse : musique triomphante, double écran géant, boîtiers électroniques individuels pour répondre à diverses questions sur la radioactivité et l'industrie nucléaire, analyse et projection graphique des réponses en temps réel. Après cinquante longues minutes sont enfin abordées les conséquences sanitaires des rejets radioactifs. Il est fait référence au dossier remis à chaque participant. Oh surprise ! Au mépris de toutes les règles du *copyright*, l'article que j'ai publié en 1990 y est reproduit, traduit en français, sans accord préalable ! Bien qu'aucune séance de questions ne soit prévue, je parviens à prendre la parole. Pour m'étonner du décalage entre le désir de communication affiché par la Cogema ce jour-là et les faits concrets, pour rappeler que le Dr P. Royer n'a toujours pas répondu à ma demande de coopération, pour exiger le respect de la propriété intellectuelle des scientifiques... L'embarras de la tribune est visible, et gagne l'auditoire, principalement composé de médecins du travail. Pour justifier le délai de réponse, le Dr J.-M. Gelas explique que ma requête a été instruite au siège social à Vélizy et non à La Hague et regrette de ne pouvoir donner une suite favorable à ma demande, pour des raisons de confidentialité. Devant mon insistance, et le soutien d'une partie de l'assistance, il consent à reconsidérer sa position et me propose de le rencontrer. Je quitte alors la salle précipitamment pour assister à la remise du prix qui me concerne. J'y reviens toutefois en fin d'après-midi pour m'entretenir plus sereinement avec le Dr P. Royer.

En fait, la Cogema avait bien répondu en date du 29 mars. Je connais la teneur de la lettre que je découvre à mon retour : elle est effectivement négative. Ces données sont pourtant vitales, car elles seules permettront de confirmer ou non l'hypothèse de M. Gardner.

Aussi, avec de la bonne volonté de part et d'autre, parvenons-nous peu de temps après à un terrain d'entente. Les travailleurs du nucléaire sont destinataires de leurs dosimétries et pourraient donc en théorie nous les remettre directement. Mais, dans les faits, ils les conservent de façon très incomplète ou les égarent. Puisque les parents concernés par l'étude seront approchés par leur médecin généraliste et sous réserve d'un consentement écrit des salariés, la Cogema accepte de nous transmettre les dosimétries. Nous nous engageons pour notre part à détruire ces documents dès que la saisie informatique anonyme en aura été effectuée. Je reste persuadé aujourd'hui que, sans ma prise de position publique, j'attendrais encore ces dosimétries. Le Dr P. Royer restera d'une coopération exemplaire tout au long de l'étude.

On ne peut pas en dire autant du Dr Pierre Fournet, médecin du travail EDF à la centrale de Flamanville. Après avoir suivi un cheminement très hiérarchisé au sein d'EDF, ma demande de transmission des dosimétries a été acceptée et transmise au Dr P. Fournet, qui s'exécute de bonne grâce... jusqu'à mars 1996. Je ne sais si la publication de *Science et Vie* dans l'intervalle en est à l'origine, mais subitement il n'est plus possible à EDF de retrouver les dosimétries des agents ayant quitté Flamanville. Pour l'un d'entre eux, je possède cependant un document EDF prouvant l'existence de cette information à Flamanville. Mis devant cette contradiction, le Dr P. Fournet transmet ce dossier... mais ce sera le dernier.

Restent deux autres interlocuteurs disposant de dosimétries : le service de médecine du travail des entreprises sous-traitantes de La Hague, et l'armée. Je n'aurai aucune difficulté à établir une collaboration fructueuse avec eux.

J'ai à ce stade l'impression d'avoir pris toutes les précautions en informant les acteurs locaux concernés de près par l'enquête : le public, par l'intermédiaire des journalistes, les médecins, la Cogema et les autorités préfectorales. Je réaliserai plus tard à mes dépens qu'il manquait une catégorie : les élus locaux, qui pour d'autres raisons se sentiront étroitement impliqués sinon interpellés.

7

Dans le bocage

Les médecins de famille

La réussite de l'enquête, après la contrainte imposée par la CNIL, repose maintenant sur les médecins généralistes. Dans notre groupe, A. Carré est le plus à l'ouvrage avec une mission aux fortes composantes diplomatiques. Durant l'automne 1993, il nous pilote, D. Pobel et moi-même, dans les chemins creux de La Hague. L'objectif est de convaincre l'ensemble des médecins de famille ayant soigné les vingt-sept enfants ou jeunes leucémiques identifiés, pour qu'ils rejoignent l'enquête. Compte tenu des médecins exerçant en groupe et d'un départ à la retraite, c'est une trentaine de praticiens qu'il nous faut rencontrer. Et aucun ne doit manquer à l'appel. A. Carré fait montre d'un talent certain, renouant avec un plaisir non dissimulé des liens que le temps avait distendus.

Un à un, à leur domicile ou dans leur cabinet, ils prennent le temps de nous recevoir. Nous découvrons des médecins de campagne, souvent chaleureux, toujours soucieux de l'intérêt de leurs patients. Au nom de l'idée qu'ils se font de leur métier, de leur devoir de comprendre et d'informer, ils acceptent tous de reprendre contact avec les parents des enfants leucémiques qu'ils ont soignés. C'est pour moi un soulagement. Mais c'est surtout le reflet d'une vocation intacte qui les honore. Aucun ne demande a être rémunéré. Dans le train qui me ramène régulièrement à Besançon, je me dis que décidément la France peut être fière de ses médecins de famille.

Deux tâches leur sont assignées. La première, techniquement facile mais humainement douloureuse, consiste à rechercher la dernière adresse connue des parents de l'enfant leucémique, à les contacter et à leur présenter l'enquête. N'oublions pas que la moitié des enfants sont alors décédés, et que très souvent l'harmonie du couple n'a pas résisté à ces pénibles épreuves. Je revois ainsi un de mes confrères consacrant sa journée de repos pour rencontrer personnellement une mère d'enfant leucémique ayant déménagé 100 kilomètres plus loin. La seconde mission, techniquement délicate, est plus aisée sur le plan relationnel. Il s'agit de sélectionner les témoins et d'entrer en contact avec eux. La grande fidélité des patients envers leurs médecins dans cette zone rurale autorise cette approche. Son principal avantage est de réduire l'influence de caractéristiques perturbantes, ou *facteurs de confusion*, dans l'étude de la relation leucémie-facteurs de risque. En effet, appartenant à la même clientèle médicale, cas et témoins sont enclins à présenter quelques caractères communs tels que le niveau socio-économique, les motifs et la fréquence de recours aux soins (avant le diagnostic de leucémie pour les enfants concernés)... L'influence du niveau social (bien démontrée en Angleterre où les enfants de familles aisées vivant à la campagne encourent le plus grand risque d'avoir une leucémie) est ainsi partiellement ou totalement maîtrisée.

Contrairement au Royaume-Uni, il n'existe pas au niveau national en France de liste de patients par médecin généraliste, qui représenterait une base de sondage idéale pour un tirage au sort. L'absence fréquente de moyens informatiques dans les cabinets médicaux locaux ne peut pallier cette carence. La procédure finalement mise en place est la suivante : il est demandé aux médecins traitants de repérer de façon prospective et systématique, parmi leurs consultants, tous les adultes ayant un enfant correspondant aux critères d'appariement. Sur leur bureau, ou auprès de leur secrétaire, figurent ces quatres critères définis à partir du profil de l'enfant leucémique soigné dans ce même cabinet (sexe, âge, région de naissance, canton de résidence). Pourquoi recruter un parent et non directement un enfant ? Pour éviter que les enfants les plus fragiles, consultant souvent, aient plus de chances d'être retenus. Ces témoins ne seraient en effet pas représentatifs de la population générale. En passant par les parents consultant pour eux-mêmes, nous émettons l'hypothèse, raisonnable à nos yeux, que la santé de leurs enfants n'est pas particulièrement plus précaire que celle de leurs petits camarades.

En fin de semaine, les médecins doivent vérifier dans leur carnet de rendez-vous s'ils n'ont pas omis de présenter l'étude à des parents de témoins potentiels. Le cas échéant, ils ont à contacter ces familles en les invitant à participer. Parallèlement, il est prévu que les généralistes nous fassent parvenir une fiche comportant les coordonnées des familles identifiées et des informations sur les critères d'appariement, nous permettant ainsi de décider de l'inclusion finale dans l'étude. De Besançon, nous n'aurons aucun moyen de vérifier le caractère systématique de la procédure de sélection, mais nous ne cesserons de rappeler son caractère obligatoire lors de réunions communes avec nos confrères.

Après avoir obtenu l'accord des familles, les médecins traitants remettent une lettre d'explication et un court autoquestionnaire à compléter et à nous renvoyer à Besançon. La lettre informe les parents des conséquences de leur participation, insiste sur le caractère confidentiel des informations recueillies, et précise qu'un enquêteur les contactera rapidement après réception de leur questionnaire pour convenir avec eux d'un entretien à leur domicile. L'autoquestionnaire correspond à une version abrégée du questionnaire utilisé par la suite lors de l'entretien ; il concerne les résidences, les professions des parents et les expositions qu'elles induisent, avant la conception, pendant la grossesse, et après la naissance de l'enfant concerné. Faisant référence à des événements potentiellement anciens et/ou survenus sur une période relativement longue, l'autoquestionnaire est destiné à aider les parents à se remémorer leurs habitudes et expositions passées dans le but d'améliorer la qualité des informations recueillies lors de l'entretien ultérieur.

Les parents mobilisés

En novembre 1993, le dispositif est prêt. Les entretiens avec les parents des cas et des témoins en cours de sélection peuvent commencer. Du côté du groupe de recherche, D. Pobel, basée à Besançon, et L. Bocéno, localisé à Caen, prennent le relais. La tâche est immense puisque les prévisions d'entretiens à domicile concernent trois cents familles. C'est maintenant une affaire de logistique, avec toutes les difficultés d'organisation que l'éloignement géographique implique.

Au début de chaque entretien, et selon l'avis de la CNIL, l'enquêteur invite les parents à signer un formulaire de consentement. En fin de questionnaire, il demande aux seuls parents employés sur un site nucléaire l'autorisation écrite de consulter les informations dosimétriques et les fiches de postes disponibles sur leurs lieux de travail. Les motivations de l'équipe de recherche sont renforcées par l'accueil bienveillant des familles.

Surtout celui des mères d'enfants leucémiques. La collecte des données du questionnaire requiert environ une heure, mais il est fréquent que l'entretien se poursuive bien au-delà. Le pas de la porte, juste avant le départ, se révèle être un lieu d'échanges privilégié. Défenses et pudeurs s'estompent à cet endroit. Il y a manifestement une demande, une sourde angoisse, longtemps intériorisées. Comme un travail de deuil inachevé, faute d'informations claires. Parfois, l'existence même de l'enquête leur semble justifier les combats passés, les instants de découragement, les souffrances..., lot commun de tous ces parents. Enfin, on s'emploie à savoir ! Les échanges, surtout avec les mères d'enfants décédés, sont d'une grande dignité humaine. L'enquêteur ne peut longtemps rester ignorant du statut (cas ou témoins) des enfants concernés, comme l'exigerait un certain idéal épidémiologique pour éviter que la conduite de son interrogatoire n'en dépende. Afin de minimiser ce biais potentiel, il suit un guide d'entretien précis et utilise un questionnaire très structuré. Un père, travaillant à La Hague, refuse la transmission de ses dosimétries. C'est son droit le plus strict, que nous respecterons. Plus tard, il nous précisera, par l'intermédiaire de son médecin du travail, la date de son premier poste en zone exposée. Cette information se révélera capitale pour nos analyses. Certaines mères garderont longtemps le contact, jusqu'au plus fort de la tempête médiatique qui suivra.

Avec les parents d'enfants témoins, nous sentons battre le pouls de La Hague [1]. Pour certains, il existe une fatalité à vivre à proximité de l'usine mais aussi une conscience de l'impuissance qui renforce et que renforce l'incapacité à fuir une menace perçue. Une mère explique : « L'usine est là, mais on ne peut pas prendre sa valise et partir. » Une autre, rationalisant ses craintes, estime : « Tant que c'est l'État qui contrôle et qui gère la Cogema, il n'y a pas de problèmes. » Une jeune femme affirme ne lire le journal qu'avec réticence, tant elle craint de voir un article ou une photographie relatifs à l'usine de retraitement de La Hague ou à la centrale de Flamanville. C'est aussi cette autre femme, mère d'un enfant en bas âge, qui demande à plusieurs reprises qu'on emmène son enfant à l'hôpital

1. Cette analyse succincte reprend quelques réflexions formulées par Laurent Bocéno.

alors qu'il paraît en parfaite santé. Elle s'imagine que l'enquêteur possède un savoir définitif sur les dangers de la radioactivité et qu'il a donc le pouvoir de les écarter, tandis que, pour elle, les médecins locaux « sont comme nous, ils ne savent pas ». Dans ce cas, ce n'est pas d'irrationnel qu'il s'agit mais bien plus d'une conscience aiguë du silence, de la non-information, de l'incommunication, voire de l'incommunicable. Ces récits ne sont que des bribes, des instantanés, glanés au détour d'une conversation. Ils ne prétendent pas à une vérité unique, mais signalent un mal-être. Au-delà de la contamination physique (surveillée par la mesure des éléments radioactifs dans l'environnement), il y a indéniablement contamination sociale, bien antérieure à la diffusion de mes recherches. Des femmes, des hommes se considèrent comme vivant dans une zone à risque et s'en inquiètent.

Nous nous efforçons également de maintenir un lien direct avec les médecins généralistes qui nous créditent de leur confiance. Des contacts bilatéraux ne pouvant suffire, nous tirons un premier bilan collégial en septembre 1994. Il faut se rendre à l'évidence, les difficultés de recrutement de témoins sont plus grandes que prévues, non pas que les médecins de famille y mettent de la mauvaise volonté, au contraire, mais parce que les critères d'appariemment sont très contraignants. En particulier, pour les enfants leucémiques nés hors du Nord-Cotentin, il se révèle difficile de trouver des témoins également nés hors de cette zone. Je suis devant un choix stratégique capital. Si j'abandonne cette disposition du protocole, qui constitue en pratique une entrave, je facilite d'autant le recrutement de l'étude mais j'introduis un biais. Ces enfants témoins auraient une plus grande probabilité d'exposition à des facteurs locaux, car nés sur place, par rapport à l'enfant leucémique, né ailleurs, qui leur est apparié. Je maintiens donc la disposition initiale, quitte à recruter un peu moins de témoins que prévu.

La recherche n'est pas un long fleuve tranquille... Les difficultés logistiques s'accumulent. L'allocation de recherche du Dr Pobel est échue et les caisses sont bientôt vides. Je dois donc lever d'autres fonds et sollicite pour cela les comités départementaux de la Ligue contre le cancer de la Manche, du Calvados, de l'Orne et du Doubs. Ces deux derniers, les plus éloignés du lieu d'enquête, nous apportent leur soutien financier. Les comités de la Manche et du Calvados, pourtant *a priori* les plus concernés, nous le refusent.

Le contrat. Il nous faut respecter les termes du contrat. L'échéance de l'INSERM (novembre 1996) m'obsède lorsque je réunis de nouveau les médecins du terrain, en avril 1995. Je sais par expérience qu'une année n'est pas de trop pour analyser, rédiger et faire accepter un article de recherche par une revue internationale. Je fixe donc la fin des inclusions de témoins à décembre 1995, quoi qu'il advienne. Même si, à cette date, dix témoins n'ont pas été recrutés par cas. La longue grève des transports qui paralyse la France en cette fin d'année repousse d'un mois l'échéance, le temps d'interroger les derniers participants. Ultime pied de nez à nos visées planificatrices. Nous plions bagage, exténués.

8

L'enquête menée à son terme

Vérifications d'usage

Avec, en moyenne, un peu plus de 7 témoins par cas, le bilan de l'enquête de terrain n'est pas loin de nos prévisions les plus optimistes. Les médecins généralistes ont requis la participation de 235 familles qui, contactées ensuite par l'équipe de recherche, ont confirmé leur accord à l'exception de 8 d'entre elles. Parmi les 227 témoins restants, 35 ne correspondent qu'imparfaitement aux critères d'appariement et sont exclus sans hésitation de la suite des travaux. Restent donc 192 sujets indemnes à comparer au 27 patients leucémiques. Le pari est en passe d'être tenu.

Dès le retour des premiers questionnaires, D. Pobel avait initié une phase ingrate et délicate, à savoir le contrôle de l'exhaustivité et de la cohérence des informations recueillies, qui nécessite souvent de recontacter les médecins, parfois leurs patients. De même, la double saisie informatique avait aussitôt débuté. Il suffit donc de quelques semaines pour intégrer les derniers questionnaires, et appliquer de multiples procédures informatiques afin de traquer erreurs de saisie et défauts de cohérence entre réponses. L'opiniâtreté de D. Pobel fait des merveilles.

Nous vérifions à deux les calculs des doses reçues par les parents employés dans l'industrie nucléaire. Nous y apportons un soin extrême car c'est sur elles que repose notre principale hypothèse de recherche. Aucune zone d'ombre ne doit persister, aucune erreur n'est permise.

Mars 1996, nous le tenons enfin : le fichier de données, validées mais anonymes comme l'exigeait la CNIL, est prêt. Les espoirs des parents, le dévouement de leurs médecins, les efforts de mes collaborateurs sont là, sous la forme d'une disquette verte que je tourne et retourne entre mes doigts. Nous ne sommes plus que deux, D. Pobel et moi-même, face à nos responsabilités.

Les témoins parlent

Notre méthode d'investigation répond au nom scientifique de *régression logistique conditionnelle exacte* : *régression logistique*, du nom de la technique statistique reliant des expositions à un événement ne pouvant prendre que deux formes, comme le statut (cas ou témoin) utilisé dans notre étude ; *conditionnelle*, parce qu'on calcule d'abord la relation au sein de chaque *strate* (constituée d'un cas et de ses témoins appariés), avant d'obtenir une estimation globale portant sur les vingt-sept strates ; *exactes*, car aucune approximation n'est utilisée par le logiciel, qui effectue des calculs complexes fondés sur l'ensemble des combinaisons possibles. C'est l'outil statistique le plus puissant à la disposition des chercheurs, importé directement des États-Unis.

De la confrontation entre l'interrogatoire des cas et celui des témoins émergeront sans doute des facteurs de risque et peut-être de causalité. Nous avons quatre mois devant nous, pas plus. L'habitude est prise d'échanger nos points de vue lors de la pause déjeuner. La recherche fait parfois des avancées décisives dans les cafétérias...

Nos premiers regards portent sur la représentativité des sujets témoins. On attend qu'ils soient similaires aux cas, non seulement pour la répartition des critères d'appariement (et des points communs à la clientèle d'un médecin généraliste), mais aussi pour des critères *a priori* indépendants de la survenue d'une leucémie. C'est le soulagement... Les caractéristiques générales et sociodémographiques des parents (âge, nombre d'enfants, habitude tabagique, niveau d'études, profession, catégorie socio-professionnelle...) ne diffèrent pas significativement entre les deux groupes. Même chose pour les enfants (naissance en maternité ou à domicile, admission dans une unité spécialisée dans les soins aux nouveau-nés...). Nous sommes confiants car, à nos yeux, les témoins sont représentatifs. Les généralistes ont fait du bon travail.

Dans le même élan, l'étude de l'exposition radioactive en milieu professionnel s'impose à nous avant toute autre exposition. Selon les données dosimétriques transmises par les employeurs, aucun des pères d'enfant leucémique n'a été exposé aux radiations en période préconceptionnelle. Ce n'est donc pas un facteur de risque ; encore moins de causalité. L'hypothèse de M. Gardner, qui avait motivé cette enquête cas-témoins, paraît devoir être définitivement écartée. De même, pour les doses reçues par le père durant la période pré- et postnatale de l'enfant... Il n'y a pas de lien avec les leucémies. R. Doll avait donc raison, les résultats de Sellafield paraissent vraiment être le fait du hasard. Nous sommes persuadés à ce moment que les industriels, dont les mesures de radioprotection sont ainsi implicitement validées, accueilleront favorablement ces résultats.

Sous le pavé, la plage...

S'écoulent des jours et des jours... de calculs, de tests, de vérifications. Un à un, les facteurs d'exposition passent au crible de l'analyse statistique, les *listings* s'empilent...

Toujours rien. Les transfusions sanguines, la consommation de médicaments, l'exposition aux rayons X ou la survenue d'épisodes infectieux durant la grossesse, la naissance par césarienne, le rang ou le poids de naissance, l'allaitement maternel... Aucun n'est associé à la survenue de leucémies.

Une fausse alerte rompt la monotonie. Une grande partie des infections survenues durant l'enfance est déjà passée en revue (rougeole, rubéole, varicelle, oreillons, coqueluche), lorsque nous abordons la mononucléose infectieuse. Le résultat, quasi significatif sur le plan statistique, saute à nos yeux. Le risque de leucémie serait multiplié par 18 chez les enfants ayant présenté une mononucléose. C'est très intrigant, car le virus d'Epstein-Barr, impliqué dans cette maladie, est aussi le seul dont on ait démontré le pouvoir cancérogène (il induit en particulier le lymphome de Burkitt). Mais ce résultat est trop fragile. Il repose sur les données d'interrogatoire positives pour deux cas et un témoin, sans confirmation sérologique. Non convaincus, nous poursuivons l'étude systématique des maladies infectieuses, puis des soins reçus durant l'enfance.

Une journée de mai 1996, sur le chemin de la cantine : « Je crois qu'on tient un premier résultat significatif », me déclare D. Pobel. « Lequel ? » « La fréquentation des plages locales... » Comme un flash, Dounreay jaillit dans ma mémoire. C'est le seul facteur de risque qui ait été mis en évidence à cet endroit ! Dans l'après-midi, le rôle de deux autres habitudes de vie, faisant suspecter une exposition environnementale, se fait jour. C'est totalement inattendu. Résumons : une relation dose-réponse [1] est mise en évidence, d'une part, pour la fréquentation des plages et des côtes du Nord-Cotentin par les mères (durant leur grossesse [2]) et par les enfants ; et, d'autre part, pour la consommation, par les enfants, de poissons frais ou de

1. Voir encadré page 79.
2. Cette analyse ne concerne donc que les enfants nés sur place.

La relation dose-réponse

Lorsqu'on observe un accroissement de la fréquence d'une maladie avec la dose ou le niveau d'une exposition, on conclut à une « relation dose-réponse ». On la confond souvent avec une relation dose-effet, qui, elle, concerne la survenue d'événements de santé *différents* en fonction de l'intensité d'une menace (par exemple le picotement des conjonctives, la toux ou un asthme sévère, au fur et à mesure que la pollution atmosphérique s'intensifie).

En recherche épidémiologique, la relation dose-réponse porte plus précisément sur le degré d'exposition à un facteur de risque et le niveau d'accroissement de ce risque. Dans l'enquête de La Hague, la graduation des trois habitudes de vie maritimes, en six niveaux, est identique : 1. non, jamais, 2. oui, pendant les vacances seulement, 3. oui, mais moins d'une fois par mois, 4. oui, au moins une fois par mois mais moins d'une fois par semaine, 5. oui, au moins une fois par semaine mais pas tous les jours, 6. oui, tous les jours ou presque. L'accroissement du risque est exprimé sous la forme d'un *risque relatif*, indiquant le coefficient par lequel est multiplié le risque de maladie en présence de l'exposition. On calcule donc autant de risques relatifs que de degrés d'exposition non nulle (cette dernière conduisant par définition à un risque relatif égal à 1).

Imaginons que seul le risque associé au troisième niveau (moins d'une fois par mois) soit élevé (le risque relatif est alors significativement supérieur à un). Ce résultat n'emporte pas l'adhésion, car quel mécanisme pourrait expliquer à la fois un excès pour un degré intermédiaire, et une absence de risque pour une fréquentation de la plage plus assidue ou une consommation de poissons plus importante ? On a dans ce cas tendance à attribuer cet excès isolé au seul hasard. En revanche, la présence d'une relation dose-réponse (à La Hague, le risque de leucémie augmente graduellement avec l'intensité des habitudes de vie maritimes) est un argument théorique de poids en faveur d'une relation causale.

fruits de mer provenant de cette zone. Dans les trois cas, la probabilité que la relation soit due au seul hasard (qu'on exprime par un *degré de signification*) est au plus de 1 %. C'est en dessous du seuil de 5 % habituellement retenu par la communauté internationale, d'où le qualificatif de *statistiquement significatif*.

Plus prosaïquement, la fréquentation des plages locales par les mères, au moins une fois par mois, est associée à un risque de leucémie multiplié par 4,5 pour l'enfant à naître. Lorsque promenades et jeux en ces lieux concernent les enfants eux-mêmes (à la même fréquence), le risque relatif est égal à 2,9. C'est à peu près du même niveau pour une consommation au moins hebdomadaire de produits de la mer par les enfants (2,7 pour le risque relatif).

Ces trois expositions ont en commun leur origine maritime. Elles émergent de toutes les autres habitudes de vie étudiées (consommation de lait cru, d'eau du puits, de légumes du jardin, utilisation d'algues comme engrais, exposition aux champs électromagnétiques induits par un ventilateur, un chauffage d'appoint ou un sèche-cheveux électriques...), qui ne révèlent aucun lien. Pas plus que toutes les expositions chimiques d'origine domestique ou professionnelle.

Une dernière caractéristique clôt la liste des facteurs de risque significatifs. Trois indicateurs quantifient indirectement l'exposition au radon [3] : la durée de résidence dans une habitation construite en granit ou sur un sol granitique, la localisation du logement au rez-de-chaussée (plus exposé aux émissions de radon) et la présence de doubles vitrages (augmentant la concentration du gaz qui ne peut s'échapper par ventilation naturelle). Une relation dose-réponse est révélée pour la nature granitique du sol ou du logement. Le risque est multiplié par 5,2 pour chaque décennie passée dans un tel environnement. Je suis moins

3. Le radon est un gaz radioactif produit par les grains d'uranium présents dans le granit. Les failles de cette roche, par ailleurs très répandue dans le Nord-Cotentin, facilitent d'autant l'ascension du radon et sa pénétration dans les maisons.

étonné par ce résultat, ayant, comme quelques autres chercheurs, déjà suspecté le caractère leucémogène du radon [4].

Indices ou preuves [5] ?

C'est évidemment la grande question, *the big issue* pour les Anglo-Saxons. Les trois usines de retraitement de déchets nucléaires au monde ont, à ce jour, fait chacune l'objet d'une enquête cas-témoin. Il n'y aura pas d'autre opportunité d'améliorer la connaissance à une échelle aussi fine (expositions, habitudes de vie... au niveau individuel) avant bien longtemps. Ayant apporté la dernière contribution, je me sens dans une position privilégiée, celle de mettre en perspective les résultats.

Au premier chef, la similitude avec Dounreay me frappe... c'est le fameux critère de *cohérence*. Deux usines aux processus industriels proches, distantes de plusieurs milliers de kilomètres, pourraient-elles conduire à l'identification d'un facteur de risque identique (utilisation récréative des plages locales) par le simple fait du hasard ? Cela me paraît trop peu probable. La force de l'association est certes un peu plus élevée en Écosse (risque relatif égal à 4,69), mais la quantification de l'exposition est différente (oui/non) et l'incertitude statistique un peu plus grande [6]. Bien sûr, la situation de Sellafield est différente (les plages n'y sont pas apparues à risque), mais, en termes de date d'ouverture de l'usine, de doses reçues par les travailleurs, de l'amplitude de l'excès de leucémies constaté, La Hague et Dounreay sont étonnamment proches. Là réside peut-être la raison du contraste avec Sellafield pour ce qui est des plages.

La deuxième étape de ma réflexion concerne l'ampli-

4. Jean-François VIEL, « Radon exposure and leukaemia in adulthood », *International Journal of Epidemiology*, vol. 22, 1993, p. 627-631.
5. Voir encadré page 85-86.
6. James URQUHART, Roger BLACK, Michael MUIRHEAD, Linda SHARP, Margaret MAXWELL et David JONES, « Case-control study of leukaemia and non-Hodgkin's lymphoma in children in Caithness near the Dounreay nuclear installation », *British Medical Journal*, vol. 302, 1991, p. 687-692.

tude des risques relatifs observés, aux alentours de 3. Or ce seuil est celui au-delà duquel les épidémiologistes considèrent que la seule présence des facteurs de confusion et autres erreurs de mesure ne suffit plus à expliquer l'association observée [7]. Cette *force de l'association* n'est pas excessivement élevée, mais elle est compatible avec celles généralement rencontrées dans le domaine environnemental.

La *séquence dans le temps* est respectée. L'usine de La Hague a ouvert en 1966, et les premiers cas de leucémie inclus dans l'étude ont été identifiés en 1978, soit après une période suffisante pour le délai de latence reconnu des leucémies (environ cinq ans) [8].

Enfin, l'identification de *relations dose-réponse* m'apparaît particulièrement convaincante. Elles sont si rarement mises en évidence sur de petits effectifs (car diminuant d'autant le nombre d'observations par degré d'exposition), et si évocatrices d'une relation de causalité.

La *spécificité de l'association* est clairement absente pour les leucémies de La Hague. La cause supposée n'est pas présente chez tous les enfants leucémiques, et pas uniquement chez eux. De plus, si les radiations ionisantes entrent en jeu, elles n'induisent pas que des leucémies, comme on a pu l'observer sur les survivants de Hiroshima et Nagasaki [9]. Toutefois, la pertinence de ce critère doit être relativisée. « Il ne peut pas être utilisé pour rejeter une hypothèse causale, car de nombreux facteurs ont des effets multiples et la plupart, sinon toutes les maladies ont des causes multiples [10]. »

Reste la *plausibilité biologique,* qui constitue le véritable chaînon manquant. Le niveau de radioactivité dans

---

7. Gary Taubes, « Epidemiology faces its limits », *Science*, vol. 269, 1995, p. 164-169.

8. Le délai de latence correspond à la période comprise entre l'exposition à un risque et l'apparition d'une pathologie. Il est de vingt à trente ans pour de nombreux cancers.

9. On a constaté chez eux des excès de cancers de la thyroïde, du sein, du poumon, de l'estomac, du côlon...

10. David Kleinbaum, Lawrence Kupper et Hal Morgenstern, *Epidemiologic Research. Principles and Quantitative Methods,* Van Nostrand Reinhold Company, New York, 1982, p. 32-34.

l'environnement ne semble pas pouvoir *a priori* induire de leucémies, car il est trop faible. Pourtant, entre des faits épidémiologiques et des faits radioécologiques, il y a des lacunes à combler dans la connaissance biologique. Je m'oriente vers le milieu marin, puisque trois des quatre facteurs de risque significatifs y ont trait. Connaît-on avec suffisamment de précision les concentrations des radio-éléments dans les mollusques et poissons ? Y a-t-il une autre voie de contamination potentielle due à l'aérosol produit par les chocs des vagues sur la grève ? L'enfant n'est-il pas un être à risque accru en regard de son métabolisme particulier ? Que connaît-on des mécanismes de transfert et d'intégration dans l'organisme ? Etc. Je n'ai aucune compétence en biologie, et ne m'autorise donc qu'à émettre des interrogations, déjà largement évoquées dans la littérature scientifique internationale [11]. Enfin, je n'oublie pas cette phrase : « Moins nous en savons sur l'étiologie d'une maladie et des pathologies similaires, moins nous sommes assurés en rejetant une interprétation causale sur la base de ce critère [12]. » Or nous savons très peu de choses sur les causes de la leucémie.

Au total, quatre critères de causalité sont remplis, un peut être considéré comme non informatif, et le dernier n'est pas vérifié. Loin de moi l'idée d'établir un simple bilan arithmétique, mais une dernière analyse emporte ma conviction. Si les expositions maritimes sont vraiment causales, alors les quatre enfants leucémiques de Beaumont-Hague (où l'excès de cette maladie avait été observé) devraient avoir fréquenté les plages locales plus souvent que les vingt-trois enfants leucémiques des cantons avoisinants. C'est le cas, et le résultat est significatif.

Je reconnais ne pas avoir à cette date pensé à procéder à une autre vérification. Si les quatre facteurs de risque

---

11. Committee on an Assessment of CDC Radiation Studies, Board on Radiation Effects Research, Commission on Life Sciences, National Research Council, *Radiation Dose Reconstruction for Epidemiologic Uses*, National Academy Press, Washington DC, 1995.

12. David KLEINBAUM, Lawrence KUPPER et Hal MORGENSTERN, *Epidemiologic Research. Principles and Quantitative Methods, op. cit.*

significatifs sont liés, ils ne représentent que les multiples facettes d'un mécanisme unique, qui a plus de chances d'être un biais ou une erreur. La causalité paraît moins probable. En revanche, s'ils sont indépendants, la cote de la relation de cause à effet est à la hausse... et elle est remontée quelques mois plus tard, après de nouveaux calculs. Certes, la fréquentation des plages par la mère et leur fréquentation par l'enfant sont intimement associées. Cependant, activité récréative sur les plages (mère ou enfant), consommation de poisson et environnement granitique jouent un rôle dissocié.

Je conclus donc à la présence de *quelques* arguments convaincants en faveur d'un rôle causal pour l'exposition aux radiations environnementales à partir des activités de loisirs sur les plages. J'en ignore la source et le mécanisme d'action mais n'hésite pas à faire part de cette lacune. En particulier, je me garde bien d'incriminer un établissement nucléaire de la région plus qu'un autre [13]. Enfin, j'émets l'hypothèse d'une action simultanée, voire synergique, des radiations ionisantes avec d'autres agents, tel le radon.

13. Je n'ai *jamais*, ni dans mes écrits ni dans mes propos, impliqué directement l'établissement de la Cogema. Le fait que cette dernière ait par la suite réagi si violemment, par opposition à EDF ou l'Agence nationale pour la gestion des déchets radioactifs (ANDRA), totalement silencieux, donne matière à réflexion.

Critères de causalité

L'épidémiologie est une science de l'observation et non de l'expérimentation. Pour vérifier dans ce cadre une relation de cause à effet, il n'est pas possible de maîtriser d'éventuels facteurs interférents par un schéma expérimental astucieux. Pour des raisons éthiques évidentes, il n'est pas concevable, par exemple, de tirer au sort deux sous-groupes parmi une population de femmes enceintes, d'imposer aux unes d'accoucher et de vivre dans une zone considérée comme exposée, d'orienter les autres vers une région *a priori* plus saine, et de comparer ensuite les taux de leucémies dans leur descendance.

La réalité épidémiologique est tout autre. Les groupes de population se forment et se comportent selon des critères souvent inconnus, mais qui peuvent être associés à la survenue de pathologies. Supposons que, dans la descendance des femmes résidant dans deux zones différentes, on observe une fréquence de leucémies plus élevée dans la zone la plus polluée. A quoi peut-on attribuer cette différence : à la zone géographique et ses toxiques, ou à un, voire plusieurs facteurs ignorés ayant présidé à l'installation locale des populations ?

Les épidémiologistes en sont réduits à utiliser différents critères contribuant chacun, s'ils sont vérifiés, à l'édification d'un résultat valide et convaincant, résistant à toutes les explications alternatives (autre cause, hasard, erreurs...). De nombreuses propositions ont été faites et comprennent peu ou prou six critères [1].

– La *force de l'association* est souvent exprimée par un risque relatif. Plus celui-ci est élevé, moins il y a de chances que l'association observée soit entièrement due à des sources d'erreur variées.

– La *séquence dans le temps* implique que la cause suspectée a bien exercé son effet antérieurement à l'apparition de la maladie.

– La *spécificité de l'association* suppose que pour une pathologie donnée, à l'exclusion de toute autre, l'exposition soit présente chez tous les malades (ou presque), et absente chez tous les sujets sains (ou presque).

– La *cohérence des résultats* signifie que, dans le passé ou dans une autre région du monde, une association identique a déjà été mise en évidence.
– La *relation de type dose-réponse* correspond à un risque croissant régulièrement avec l'intensité d'une exposition.
– La *plausibilité biologique* repose sur la connaissance biologique du moment. Cette dernière peut toutefois ne pas encore être en mesure d'expliquer une association juste décrite, mais bien réelle.

Ces critères aident les épidémiologistes à déterminer si une exposition ou une caractéristique sont la cause d'une maladie, mais ils ne sont chacun ni nécessaires ni suffisants. Leur application à une hypothèse de recherche donnée n'est jamais simple, ni immédiate [2].

1. David Kleinbaum, Lawrence Kupper et Hal Morgenstern, *Epidemiologic Research. Principles and Quantitatives Methods*, *op. cit.*, p. 32-34.
2. *Ibid.*

9

Le devoir de témoigner

Publier ou périr [1]

Cette règle s'est imposée aux scientifiques du monde entier. Au-delà du rite de passage aux analogies tauromachiques (de l'ombre à la lumière pour affronter les banderilles des contradicteurs), la publication des recherches n'en demeure pas moins vitale. Vitale pour les sciences elles-mêmes, car sans diffusion de résultats, pas d'émulation, pas de contre-hypothèse... et, en aval, pas de nouveau savoir. Vitale aussi pour le chercheur, dont la carrière académique, les futurs crédits de recherche, le renforcement de l'équipe dépendent très largement de ses publications.

La procédure habituelle consiste à envoyer le compte rendu de ses travaux, selon un formalisme propre à la revue choisie. L'article est alors transmis à des experts anonymes qui, sous quelques semaines, doivent retourner

1. Cet adage est plus connu sous sa forme anglaise aux consonances frappantes : *publish or perish.*

leurs commentaires et recommandations au rédacteur en chef. Lequel décide soit de le refuser soit de demander des modifications aux auteurs (l'acceptation immédiate est exceptionnelle). Ce circuit peut être renouvelé deux ou trois fois jusqu'à la décision finale.

Dans ce domaine, l'hégémonie anglo-saxonne est certaine, des comités de lecture aux groupes d'édition. Elle n'autorise pas, selon moi, à alléguer l'origine exogène d'un travail comme principale raison de son éviction par une revue prestigieuse. Au contraire, cela doit représenter un encouragement supplémentaire à la rigueur scientifique.

D'emblée, le *British Medical Journal (BMJ)* répondait à nos ambitions les plus élevées. Sa notoriété, et donc son rayonnement sont indéniables, attestés par un indice (le *facteur d'impact*), classant les revues en fonction du nombre de leurs articles cités dans des publications ultérieures [2]. Ensuite, des journaux internationaux de médecine au sens large du terme, c'est celui qui se fait le plus souvent l'écho de recherches en santé publique (alors que la recherche biologique est omniprésente). Enfin, et surtout, cette revue possède la plus grande expertise sur les relations radioactivité-santé, pour avoir publié la majorité des recherches dans ce domaine depuis les années quatre-vingt.

L'article sur La Hague est écrit en un peu plus d'un mois, requérant notre totale disponibilité. Adressé au *BMJ* début juin 1996, il nous est retourné pour révision au cours de l'été, accompagné de remarques des experts qui ont jugé notre travail. Je précise qu'aucun de leurs commentaires ne porte sur la relation de causalité (que nous avons par ailleurs évoquée et non affirmée). Pour sa part, le rédacteur en chef souhaite que la longueur de l'article soit divisée par trois. Drastique ! Début octobre, nous sommes à même d'envoyer une version réduite (de 6 300 mots à

2. Les facteurs d'impact sont établis par l'Institute for Scientific Information de Philadelphie. Il est égal à 4,55 pour le *British Medical Journal*, ce qui est supérieur à celui du premier journal épidémiologique à parution périodique, l'*American Journal of Epidemiology* (facteur d'impact : 3,71).

2 900), et répondant aux remarques émises. Il a fallu se faire violence et passer à la trappe de nombreux points, tels l'hypothèse virale et la mononucléose infectieuse. Ces abandons feront l'objet d'âcres critiques par la suite, nos détracteurs semblant ignorer la sévérité des règles éditoriales du *BMJ*.

28 octobre 1996... c'est oui ! Le *BMJ* nous fait part de son acceptation définitive. D'un trait de plume, tous nos objectifs sont atteints : conduire une enquête cas-témoins en un temps limité, la publier dans une des meilleures revues mondiales (et donc diffuser ses résultats sans entrave), enfin respecter le contrat avec l'INSERM. Dans l'intervalle, D. Pobel a quitté Besançon pour un avenir que je ne peux lui assurer, faute de moyens. Une page est tournée. Je suis désormais seul.

Compte à rebours

L'article est dès ce moment soumis à *embargo*, c'est-à-dire qu'aucune fuite ne doit survenir avant sa publication. Il m'est en particulier interdit d'en dévoiler le contenu à la presse (médicale ou grand public), qui pourrait rompre cette règle.

Toutefois, je dois justifier à l'INSERM l'adéquation de la recherche effectuée en regard de l'objectif initial. J'adresse mon rapport scientifique final le 20 novembre 1996, respectant les délais. J'inclus la lettre d'acceptation du *BMJ*, la version dactylographiée de l'article, et un résumé en français. Sur la première page est rappelée l'existence d'un embargo. J'imagine naïvement que les services de l'INSERM prennent connaissance à cette date de la teneur des résultats. En fait, au vu de leurs réactions ultérieures, mon rapport dort probablement dans une pile de dossiers, en attente d'examen par la commission scientifique spécialisée qui se réunira quelques mois plus tard.

Le 6 décembre, je reçois du *BMJ* par fax les épreuves

d'imprimerie, à retourner vérifiées sous trois jours. La publication est prévue sous six semaines environ, mais je ne serai définitivement averti qu'une semaine auparavant. Le compte à rebours est véritablement enclenché.

Le 13 décembre, je réunis dans la plus grande discrétion les médecins généralistes de l'étude. Je tiens là ma promesse de les informer en premier. Ils ne sont qu'une dizaine, pour des raisons que j'ignore. Je joue cartes sur table sans leur cacher mon embarras. Détaillant les raisons qui me conduisent à évoquer une relation de causalité, j'observe des visages graves. « Au moins la saison des huîtres est sauvée ! » dit l'un. « Comment prévenir nos patients ? » s'inquiète un autre. Conscients que les toutes premières annonces conditionneront les réactions de l'opinion publique, nous tentons de définir une stratégie de communication, sans parvenir à un résultat bien concret. La prospective n'est pas chose aisée.

Le 30 décembre, Linda Millington, attachée de presse du *BMJ*, me précise la séquence (mais non les dates exactes) des événements à venir. Je recevrai le signal de publication un lundi ; le mardi, le *BMJ* diffusera l'information par fax aux chroniqueurs scientifiques des principaux médias mondiaux ; le vendredi à une heure du matin (heure anglaise), l'embargo sera levé. Je serai autorisé à communiquer avec la presse durant cette semaine, sous l'expresse réserve que mes correspondants s'engagent à respecter l'échéance. L'affaire est prise très au sérieux par le *BMJ*, et L. Millington me confie les coordonnées téléphoniques permettant de la joindre à tout moment. Je n'ai donc absolument pas fomenté un complot médiatique international, comme j'en serai accusé plus tard. Simplement, à l'heure de la mondialisation des échanges qui concerne en premier chef les informations, le *BMJ* effectue efficacement son travail de diffusion des connaissances.

Chasse à l'homme

Le 6 janvier 1997, à 9 heures 22 minutes, le message tant attendu me parvient de Londres. Les dés sont jetés. L'embargo court jusqu'au 10 janvier (une heure) et l'article paraîtra dans l'édition du 11. Je débute une semaine que j'anticipe délirante, d'autant plus qu'il est prévu de longue date que je donne une conférence au Parlement européen sur le thème « Radioactivité et leucémies » le vendredi suivant, jour de la levée de l'embargo. L. Millington me demande de lui préciser tous mes déplacements et possibilités de contact durant les prochains jours. Elle les fait figurer dans le communiqué de presse, émis comme prévu le mardi 7.

Renaud Abord de Chatillon, conseiller technique de Corinne Lepage, ministre de l'Environnement, me joint au téléphone, alerté par la demande d'entretien d'un journaliste. C'est le premier d'une longue série de contacts avec cet homme intègre. Je lui envoie en retour une copie de l'article.

Les premiers appels proviennent des médias étrangers, l'agence Associated Press en particulier. Du côté français, les prémices sont inquiétantes. J'ai un pressentiment funeste lorsque la journaliste Nathalie Levisalles, de *Libération,* me demande de répondre à une série de points techniques, constituant autant d'accusations. La qualité de la ligne téléphonique est épouvantable, et j'argumente en direct, sans filet. Le ton de la journaliste est aigre-doux, à la limite de l'agacement. Deux jours plus tard, je rencontre dans les locaux de *Libération* un de ses collègues, Édouard Launet. Je cherche à joindre Nathalie Levisalles, prévenue de ma visite. Aux abonnées absentes... Je découvre, quelques heures plus tard, que deux épidémiologistes de l'INSERM, Jacqueline Clavel (de l'unité n° 170) et Catherine Hill (de l'unité n° 351), ont fait parvenir un fax à toutes les rédactions parisiennes, affirmant que mes résultats ne prouvent strictement rien, car ils sont entachés de graves erreurs. Pour C. Hill, cela devient une habitude (après l'épisode de *Statistics in Medicine* et *Science et Vie*).

Bruxelles, 10 janvier. J'achète, tôt le matin, *Libération* au kiosque du Parlement européen : « Jacqueline Clavel, spécialiste de l'épidémiologie des leucémies en France [...] a rédigé une analyse sévère [3]. » Aucune des justifications que j'ai apportées ne sont mentionnées par N. Levisalles. Le soir, j'apprendrai que « les meilleurs spécialistes français d'épidémiologie sont très critiques [4] ».

Le ton est donné. La journée n'est qu'une longue succession d'appels téléphoniques (parfois en direct pour les radios britanniques) et d'entretiens télévisés ou radiophoniques avec les correspondants des grands médias à Bruxelles. L. Millington me transmet à plusieurs reprises les réactions des médias britanniques, étonnamment plus matures qu'en France. J'ai à peine le temps d'assurer ma conférence devant un auditoire extrêmement attentif, et dont certains membres viennent ensuite m'exprimer leurs inquiétudes sur mon avenir. Ils ont déjà entre les mains des exemplaires du *BMJ* où figure notre recherche [5]. Cette folle journée s'achève à 19 h 30 par un débat en direct sur *LCI* avec Corinne Lepage.

Il ne faut pas être grand clerc pour établir un bilan provisoire. Les réactions sont déjà très agressives et tout indique qu'elles iront en s'amplifiant. Au-delà de ma recherche, c'est ma personne qu'on cherche à abattre. Je n'ai ni conseiller en communication, ni relais politique ou syndical, ni équipe universitaire pour faire front. Dos au mur, je me sais capable de n'abdiquer jamais, de rechercher les contre-pouvoirs, de défendre mon honnêteté de père de famille, de médecin et de chercheur. Mais pour naviguer au mieux parmi tous les écueils qui m'attendent, il me faut comprendre les ressorts de la polémique qui se

---

3. Nathalie Levisalles, *Libération*, 10 janvier 1997.
4. Jean-Yves Nau, *Le Monde*, 11 janvier 1997.
5. Dominique Pobel et Jean-François Viel, « Case-control study of leukaemia among young people near La Hague nuclear-waste reprocessing plant : the environmental hypothesis revisited », *British Medical Journal*, vol. 314, 1997, p. 101-106.

déroule sous mes yeux. Je manque probablement de lucidité, car je suis le sujet même de la polémique. Mais je pressens que mon salut scientifique est au prix d'un difficile effort d'abstraction de l'actualité brûlante et passionnelle. Une unique question, lancinante, constituera le fil rouge de ma réflexion. Les déterminants en jeu dans les violentes réactions à mon égard sont-ils propres à la société française ou reflètent-ils uniquement les intérêts politico-industriels de l'énergie nucléaire ? C'est l'objct des chapitres qui suivent.

III

Rejet et réactions nucléaires

10

La surdétermination du discours scientifique

Dans le domaine de l'environnement, le scientifique est aussi, plus qu'ailleurs, un citoyen. Dans ses recherches, il exerce constamment un retour réflexif et critique sur ses propres avancées, pour parvenir à un savoir « dur ». Comme citoyen, il aspire à ce que ses résultats soient rendus publics pour mobiliser les décideurs lorsqu'une menace lui paraît réelle. Si, de plus, il est médecin de santé publique, il ressent cette diffusion comme une ardente obligation déontologique. Or, en épidémiologie environnementale, science d'observation s'appliquant à des risques faibles, un savoir définitif est souvent hors de portée, comme nous l'avons déjà vu. Le passage de la connaissance à la décision y est donc particulièrement problématique. A partir de quelle « dureté » de la connaissance faut-il aller au-devant de l'opinion ?

J'aurais pu, après avoir communiqué à mes pairs les résultats d'une recherche spécialisée, refuser de les commenter auprès des journalistes. J'ai adopté l'attitude inverse, qui tranche sur celle de nombreux scientifiques souvent réticents à s'engager dans un débat de société.

Tout au plus ces derniers s'emploient-ils, après quelques années nécessaires à la « stabilisation » des connaissances, à un effort de vulgarisation. Cette démarche verticale, d'une élite condescendante qui sait quand et quoi transmettre, vers un peuple ignorant, mais supposé réceptif à tout moment, me paraît procéder d'une caricature démocratique. Seule une démarche horizontale, de citoyen à citoyen, donnant à voir la science telle qu'elle se pratique, avec ses balbutiements, ses avancées inattendues, ses errements parfois, réconciliera science et société. L'accomplissement des faits plutôt que le fait accompli.

Une autre explication à la frilosité des scientifiques provient de l'intégration de leur expertise dans un processus de décision politique qui « conduit souvent les scientifiques – sauf à se récuser comme experts – à dire plus qu'ils n'en savent [...]. Devant de tels problèmes, à la fois si globaux, si complexes, et aux conséquences si graves, tout expert – si " scientifique " qu'il se considère – est obligé d'interpréter certains faits [...] et cette interprétation est inéluctablement " surdéterminée " (ou prédéterminée !) par un ensemble de considérations subjectives, en particulier d'ordre éthique [1] ». Les experts sont conduits malgré eux à devenir « formels ». Il y a ainsi antagonisme apparent entre la subjectivité d'une surdétermination humaine et l'objectivité alléguée de la science. D'où la propension des scientifiques à se réfugier dans leur tour d'ivoire et à jeter l'anathème sur l'imprudent qui s'égare, surtout s'il est jeune, provincial et n'appartenant pas à un organisme « prestigieux » de la recherche française !

Le réchauffement de la planète, le « trou » de la couche d'ozone, les pluies acides... ont déjà donné lieu à des batailles rangées d'experts, largement médiatisées. Mais, pour des raisons historiques et structurelles, le champ nucléaire possède des caractéristiques propres qui ont pour

---

1. Philippe ROQUEPLO, « L'expertise scientifique, consensus ou conflit ? », *in La Terre outragée. Les experts sont formels !*, Autrement, série Sciences en société, Paris, n° 1, 1992, p. 157-169. Ce concept de « surdétermination » sera utilisé à plusieurs reprises par la suite, toujours sous cette acception.

effet de radicaliser les positions, de brouiller le message et *in fine* de museler toute opposition.

La confiscation politico-administrative

Philippe Roqueplo a montré avec une grande acuité qu'en ce qui concerne les conséquences environnementales de l'énergie nucléaire, la fonction d'expertise scientifique a été confisquée par le seul appareil politico-administratif. Selon lui, c'est parce que « ces querelles d'experts auraient fait apparaître la façon dont la contradiction entre leurs expertises trouve son explication dans des prises de parti qui, en dernier (ou en premier) ressort, " surdéterminent " leurs analyses. Cela aurait été vrai pour les experts opposés au nucléaire, mais cela l'aurait été aussi pour les experts favorables à la stratégie du pouvoir. L'objectivité de ces expertises aurait été mise en doute et c'est évidemment ce que les membres des " hautes sphères ", où se décide la politique énergétique de la nation, ne pouvaient tolérer. D'où leur confiscation de l'expertise et l'interdiction de tout véritable débat d'experts [2] ».

La confiscation de l'expertise est favorisée par l'existence d'établissements publics (CEA, INSERM...) mis en place spécifiquement pour jouer un rôle d'interface entre le scientifique et le politique, en argumentant les choix scientifiques et techniques possibles, puis en appliquant les décisions politiques prises. Ainsi est créé « inévitablement un groupe d'une nature ambiguë qui non seulement possède cette expertise collective, mais *qui a des ambitions, des craintes, des intérêts collectifs, et dans lesquels s'enracinent en outre des ambitions et des intérêts individuels.* Le recours à son expertise dans la décision politique est clairement légitime ; l'intervention de ses intérêts propres, non moins clairement, ne l'est pas, mais elle n'est pas non plus évitable ; on ne peut avoir l'un sans l'autre car la tendance naturelle de toute structure est sa propre

2. Philippe Roqueplo, *op. cit.*

perpétuation[3] ». Cette inclination est exacerbée par la forte intrication qui caractérise la filière nucléaire (civile et militaire). Les mondes de la recherche, de la production et de la décision n'y font qu'un, deux grands corps de l'État (les X-Mines et, dans une moindre mesure, les X-Ponts) assurant l'harmonie du système.

Ce piège à double détente (confiscation du savoir et intervention des établissements publics) est parfaitement huilé dans le domaine nucléaire, et n'a pas manqué de se déclencher dès le 10 janvier 1996 avec, en première ligne, la Cogema (filiale du CEA), l'INSERM et l'OPRI qui ont vite dépêché leurs « experts ».

Les experts autoproclamés

Trois jours avant la levée de l'embargo par le *BMJ*, quelques « spécialistes » avaient donc déjà pris parti contre moi. Qui leur a décerné ce label sinon eux-mêmes ? L'Université française, ainsi que les grands organismes de recherche se sont depuis longtemps penchés sur les critères de qualité et donc de promotion de leurs membres. Il sont de deux ordres : les titres et diplômes universitaires, et les publications scientifiques. Si le premier critère est d'authentification moins aisée, la vérification du second est immédiate. A l'heure de la mondialisation de l'information, quelques clics sur un ordinateur permettent de se connecter à Internet et d'accéder à Medline ®. Dans cette base de données américaine est recensé l'ensemble des publications médicales mondiales. On y constate que J. Clavel a publié à cette époque trois articles sur les leucémies, fort honorables au demeurant, mais portant sur une pathologie très spécifique (les leucémies à tricholeucocytes) et principalement sur les expositions chimiques (benzène, pesticides). De là à en faire la « spécialiste de

3. André LEBEAU, « Choix techniques et décision politique », *in Le Savant et la Politique aujourd'hui. Un débat sur la responsabilité et la décision*, colloque de La Villette, Albin Michel, Paris, 1996, p. 79-86 (c'est nous qui soulignons).

l'épidémiologie des leucémies en France [4] »... C. Hill connaît mieux la thématique nucléaire, mais a toujours publié sur la mortalité (et non l'incidence) par leucémies, et jamais en recueillant des informations au niveau individuel. Les « meilleurs spécialistes français d'épidémiologie [5] » ne semblent pas être au rendez-vous.

Alors, l'étiquette institutionnelle et l'ego individuel l'emportent et alimentent une caste très française : les experts autoproclamés. Comme toute caste, elle cultive son élitisme. Don inné d'universalité, détention des tables de la Loi et autorité naturelle constitueraient sa légitimité. Pourtant... La prudence voudrait qu'un chercheur ne s'exprime pas sur un thème qui sort de son domaine de compétence reconnu, c'est-à-dire sur lequel il n'a jamais été validé par ses pairs. Mais le principe affiché d'universalité ne peut que protéger cette élite des affres de l'ignorance. La déontologie scientifique la plus élémentaire a aussi été bafouée à cette occasion. Lors d'une controverse scientifique, la pratique élégante consiste à adresser d'abord une lettre (parfois aux propos très vifs) au rédacteur en chef de la revue qui a diffusé la recherche initiale. Les auteurs de cette dernière contre-argumentent, et toute cette correspondance est publiée. Rien de tel n'a été respecté au début de la controverse qui nous intéresse. Pis, je n'ai pas été destinataire de l'« analyse sévère » que J. Clavel a envoyée par fax aux rédactions parisiennes. C'est sans doute qu'elle ne connaît pas les usages. Les bonnes manières se perdent...

Pourtant, lors d'une polémique à peine antérieure et portant sur l'amiante, deux épidémiologistes de l'INSERM ont été fortement contestés par des experts réunis par le Canada. Quelles furent leurs réponses ? « Pour l'instant, l'INSERM n'a pas reçu de copie officielle de ce rapport. Nous ne souhaitons donc pas répondre à la légère sans avoir lu et analysé ce document [...]. Dans le domaine scientifique, quand on veut critiquer le travail d'un col-

4. Nathalie LEVISALLES, *Libération*, 10 janvier 1997.
5. Jean-Yves NAU, *Le Monde*, 11 janvier 1997.

lègue, on lui écrit pour lui demander sa réponse[6]. » Il se trouve que l'un de ces épidémiologistes n'est autre que le directeur de l'unité 170 où exerce J. Clavel. Alors, deux poids, deux mesures ?

Georges Charpak, qui a rejoint un peu plus tard le chœur des opposants, possède de brillantes prédispositions à la surdétermination. Son universalité paraît garantie par le prix Nobel (de physique, faut-il le rappeler), dont il peut légitimement s'enorgueillir. La grande taille et les propos péremptoires du personnage lui donneraient une certaine autorité naturelle. Son mode de pensée (en épidémiologie, on s'intéresse à l'homme avec tout l'incertain qui fait sa noblesse, non à des particules), et son appartenance institutionnelle (le Centre européen pour la recherche nucléaire, CERN, à Genève ; l'École supérieure de physique et chimie, à Paris) vont également dans ce sens. Ajoutez-y un siège au conseil d'administration de la Cogema et un livre qu'il vient d'écrire et dont il faut assurer la promotion (il y défend d'ailleurs le nucléaire civil). G. Charpak ne me paraît donc pas plus compétent en épidémiologie que je ne le suis en physique nucléaire. J'ai au moins un avantage sur lui : n'étant pas prix Nobel, je ne risque pas d'être interrogé hors de mon champ de compétence et j'ai donc moins l'occasion de dire des bêtises.

J'en viens donc à croire, comme Edward Saïd, que « l'expertise au sens strict du terme n'a en définitive que très peu de rapport avec le savoir[7] ». Tous les germes étaient présents pour transformer une controverse scientifique en conflit.

Les sources d'un conflit

La controverse fait partie intégrante de la science en mouvement. Garante d'une démarche démocratique, elle seule permet l'élaboration du savoir à partir de la connais-

6. Propos rapportés par P. B. dans *Le Quotidien du médecin*, 21 janvier 1997.
7. Edward Saïd, *Des intellectuels et du pouvoir*, Seuil, Paris, 1996, p. 95.

sance. Elle suppose tout de même implicitement que ses acteurs soient convaincus de parvenir à terme à un terrain d'entente grâce à un équilibre dynamique des forces en présence. De la confrontation des points de vue se construira une vérité acceptable, toute provisoire qu'elle soit. Cela nécessite l'« exercice méthodique du doute [8] » de chacun sur ses propres travaux, mais surtout sur les travaux des autres. La surdétermination est inéluctable dans ce processus, et ne met « nullement en question l'honnêteté scientifique des experts concernés [9] ». Alors, pourquoi une controverse scientifique qui s'annonçait vive s'est-elle transformée en conflit ? Tentons d'en trouver quelques raisons.

La France expérimentait pour la première fois, grâce à une couverture médiatique intense, les effets d'une véritable contre-expertise médicale dans le domaine nucléaire. Quelques timides tentatives d'ouverture avaient bien été effectuées, comme lors du débat national « Énergie et Environnement » tenu à Caen en 1994 sur le thème « Grands équipements énergétiques, cycle du combustible et procédures de décision ». Une table ronde avait porté sur le thème « Nucléaire et santé » mais sa composition constituait une véritable parodie d'ouverture. Sur huit intervenants [10], sept pouvaient être considérés comme appartenant au lobby nucléaire ! La huitième, Michèle Rivasi de la CRII-Rad [11], s'est alors récusée. Avec l'enquête sur La Hague, le couvercle de la marmite nucléaire était définitivement soulevé et apparaissait alors

---

8. Selon l'expression de Philippe Roqueplo, *op. cit.*

9. *Ibid.*

10. M. Chanteur, Office de protection contre les radiations ionisantes ; Mme Chevalier, directrice adjointe du service général de médecine du travail, EDF ; M. Lafuma, conseiller auprès du Haut Commissaire à l'énergie atomique, CEA ; M. Nérot, directeur de recherche, département de protection et de santé de l'homme, et de dosimétrie, IPSN ; M. Pelissier-Tanon, directeur de l'environnement, Cogema ; M. Pijselnam, directeur de l'établissement de La Hague, Cogema ; M. Prêtre, division principale de la sécurité des installations nucléaires, Suisse ; Mme Rivasi, CRII-Rad.

11. La commission de recherche et d'information indépendante sur la radioactivité (CRII-Rad) a été créée en mai 1986, quelques semaines après la catastrophe de Tchernobyl et les propos rassurants des autorités françaises sur la contamination du territoire. Localisée à Valence, elle est équipée pour mesurer la radioactivité dans l'environnement. Jusqu'en juin 1997, elle était présidée par Michèle Rivasi, aujourd'hui député.

un nouveau jeu social aux règles balbutiantes. Il nous manquait le mode d'emploi et, très vite, la partie est devenue anarchique. Le débat, mal engagé comme nous l'avons vu, est devenu joute. A cet égard, la démocratie française apparaît bien jeune par rapport à la société britannique, où le débat public sur ces questions a été nettement plus adulte. J'espère que, la conscience citoyenne s'aiguisant, la contre-expertise deviendra la règle dans le domaine nucléaire.

La deuxième raison réside dans la multidisciplinarité des phénomènes mis en cause. L'épidémiologie, l'hématologie, la biologie, la radioécologie... toutes sont concernées. Or, si les scientifiques d'une même discipline peuvent relativement aisément parvenir au consensus implicitement recherché, les procédures mises en œuvre, héritières de différentes écoles de pensée, ne sont plus communes entre disciplines. Les chercheurs ne se (re)connaissent pas dans cette tour de Babel et leurs résultats ne peuvent plus se cristalliser sous forme de savoir. Le conflit n'est plus loin, comme l'expriment bien Jacques Theys et Bernard Kalaora : « La nature “ transscientifique ” des questions écologiques ouvre par définition la perspective de débats partisans entre experts, avec le risque que les parties prenantes dans la controverse soient jugées beaucoup plus sur leur crédibilité personnelle que sur leurs compétences effectives [12]. »

Ne faisant pas partie des experts autoproclamés, je ne pouvais qu'être non crédible et donc non compétent. L'opposition entre les physiciens ou ingénieurs de radioprotection et l'épidémiologiste que je suis illustre bien cette incapacité. Les premiers avancent que les niveaux de la radioactivité rejetée par La Hague sont bien inférieurs à la radioactivité naturelle (ce qui est vrai), et qu'ils ne peuvent donc pas induire de leucémies (ce qui reste à prouver). Pour ma part, je mets en évidence des habitudes de vie maritimes significativement liées à l'apparition de

12. Jacques THEYS et Bernard KALAORA, « Quand la science réinvente l'environnement », *in La Terre outragée. Les experts sont formels !*, *op. cit.*, p. 15-49.

leucémies (ce qui est vrai), et je m'interroge sur les mécanismes biologiques en cause (qui restent à trouver). Le conflit a encore été amplifié par le fait que la science appelée à résoudre le problème du rôle éventuel des radiations ionisantes dans la survenue des leucémies (épidémiologie) est radicalement différente de celle qui en est à l'origine (physique nucléaire). Qui plus est, le « laboratoire » d'un épidémiologiste n'est pas équipé de machines complexes et coûteuses (telles que des accélérateurs de particules). Le village est son terrain d'étude ; la feuille de papier, le crayon, et un « simple » ordinateur, ses instruments. Une technoscience jugée par une science aux mains (presque) nues !

Les écueils de la médiatisation

La démocratie impose la transparence et le dialogue entre scientifiques, politiques et citoyens, et il serait trop facile d'exclure l'opinion publique de ce débat, sous prétexte qu'elle ne serait pas apte à recevoir un message provisoire et contradictoire. Le « forum hybride », constitué par ces trois catégories d'acteurs, se tenant principalement dans les médias, il est du devoir des scientifiques d'investir ce champ pour accompagner leur message. Et c'est là une troisième source de conflit. La difficulté de communiquer un savoir hyperspécialisé est grande. L'épidémiologie est par essence une science de l'incertitude et des probabilités ; la finesse d'analyse et d'interprétation qu'elle requiert s'accommode mal du prisme réducteur des médias. La lumière des projecteurs et la complexité du sujet poussent les scientifiques à la schématisation. Les contraintes de temps et les lois de l'Audimat conduisent insidieusement les journalistes à une radicalisation voire à une présentation tronquée de l'information. Ce qui devrait être un débat aux fortes qualités pédagogiques se transforme donc très souvent en une stérile querelle d'experts. A part quelques notables exceptions (*Sept et demi* sur

Arte, *L'Hebdo* sur Canal+, *Thalassa* sur France 3...), l'information sur La Hague a été traitée en deux minutes par les chaînes de télévision.

Comment expliquer simplement que l'enquête que j'ai publiée ne représente pas l'étude idéale, ce qui ne veut pas dire qu'elle soit sans signification ? Dans un « sujet » télévisé de deux minutes, une telle explication aurait été fortement simplifiée et « durcie » au montage sans pouvoir préciser les raisons légales et culturelles qui limitent l'efficacité de cette recherche. Comment détailler les arguments de causalité en épidémiologie pour montrer que certains sont présents parmi mes résultats et que d'autres manquent ? Cette approche est difficile, mais pourtant pas impossible, comme l'a montré par exemple la journaliste Josée Blanc-Lapierre, de France 2, qui a réussi à mettre les faits en perspective bien qu'elle soit intervenue uniquement dans les journaux d'information de sa chaîne.

Sur un sujet aussi passionnel et complexe, la médiatisation peut aisément glisser vers la désinformation, si l'on n'y prend pas garde. « L'expert est toujours le mandaté de quelqu'un d'autre et partie prenante d'un jeu social dans lequel il choisit de s'engager au risque d'être tour à tour manipulé et manipulateur [13]. » Je suis en particulier frappé du glissement dialectique qui s'opère quand une erreur, de possible, devient certaine, parce que affirmée par des « experts », tandis que souvent aucun fait issu de l'enquête n'autorise une telle contre-argumentation. Théorie et rhétorique s'intriquent alors pour semer le trouble. Avec habilité, de nombreuses critiques laissaient à penser que seules des fautes grossières dans la conduite de ma recherche (et non les difficultés d'interprétation du schéma cas-témoins sur lequel elle s'appuyait) étaient à l'origine des conclusions prétendument erronées. Différents points de la controverse évoqués plus loin constituent autant d'illustration de cette dérive. En séparant ainsi le bon grain de l'ivraie, l'objectif des épidémiologistes qui m'attaquaient était double : me discréditer, sans scier la

13. Jacques THEYS et Bernard KALAORA, *op. cit.*

branche (l'épidémiologie) sur laquelle ils étaient assis. Auquel cas, d'accusateurs ils devenaient aussi accusés.

Mais le pire survient quand l'information n'est plus seulement réductrice, mais asymétrique. Cette dérive s'inscrit largement dans le débat « rationalité/irrationalité », bien analysé par le sociologue des sciences Bruno Latour [14]. Les scientifiques (ici les physiciens) s'étonnent de la persistance de « croyances » parmi les gens ordinaires (incluant un épidémiologiste isolé qui doute), alors que la « connaissance » est à leur portée pour peu qu'ils fassent confiance aux premiers. « La partition se fait [...] entre ceux qui ont accès à la nature des phénomènes et ceux qui, parce qu'ils ne sont pas suffisamment instruits, n'ont accès qu'à des visions déformées de ces phénomènes [15]. » Les physiciens ont, grâce à leurs instruments, une vision précise du cœur de la matière, tandis que, avec leurs yeux et la parole des autres, les épidémiologistes ne peuvent « voir » les particules et ne pourraient donc authentifier leurs effets. « Puisque le savoir rationnel – la ligne droite – porte sur l'essence des phénomènes et non pas sur les gens qui les décrivent, les seules explications nécessaires pour rendre compte de la présence de ces affirmations sont les phénomènes eux-mêmes. Mais ce sympathique état de choses n'est pas le même pour les énoncés irrationnels ; ils nous en disent en effet, d'après les chercheurs, très peu sur les phénomènes et beaucoup sur les gens qui persistent à y croire. Il faut donc imaginer des explications spéciales pour rendre compte de leur persistance [16]. »

D'où la formidable asymétrie : dans le premier cas, les faits parlent d'eux-mêmes, et dans le second, c'est d'un scientifique « irrationnel » qu'on parle, trouvant de nombreuses justifications à sa « croyance » : l'argent (procuré par Greenpeace, les groupes pétroliers ou la CIA...), la recherche effrénée d'une image publique, la fragilité mentale (« Il a disjoncté... »), etc. Les médias où une « certaine

14. Bruno LATOUR, *La Science en action. Introduction à la sociologie des sciences*, Gallimard, Folio, Paris, 1989, p. 432-447.
15. *Ibid.*
16. *Ibid.*

rationalité scientifique » l'a emporté, comme au sein de la rédaction de *Libération* après des débats houleux, ont d'une façon ou d'une autre tenté de répondre à la question : « Comment peut-on encore croire à de telles affirmations (ou sottises) ? » Or cela n'avait aucun sens puisque la question résultait elle-même de l'asymétrie d'une description faite par les physiciens. En revanche, inverser l'acteur (non plus la particule mais l'enfant) ou élargir le contexte (et Dounreay ?) autorisait une vision beaucoup plus symétrique.

11

Controverse scientifique

Dérapages

Les limites d'une controverse saine et constructive sont tracées par l'article scientifique lui-même. Malheureusement, elles ont été franchies à plusieurs reprises et, de la querelle scientifique, on a glissé au conflit entre personnes. J. Clavel ouvre doctement le feu au journal de 20 heures de TF1, le 10 janvier 1997 : « Ce qui est du devoir de l'épidémiologiste, c'est de travailler de façon rigoureuse sur ses données [1]. » Je ne peux qu'approuver, et je m'efforce d'en donner l'exemple quotidien dans ma vie professionnelle, quoi qu'elle en pense. Mais quand on en appelle au devoir, le jugement moral n'est plus très éloigné... jusqu'à affirmer « la rétention, par ces auteurs, de certaines informations dont ils disposaient [2] ». A mes yeux, cette accusation très grave est indigne d'un chercheur. C. Hill se fend aussi d'un petit couplet sur M6 :

1. TF1, journal de 20 heures, 10 janvier 1997.
2. Propos de Jacqueline Clavel, rapportés par Jean-Yves NAU, *Le Monde*, 23 janvier 1997.

« Le problème, c'est que Jean-François Viel croit que c'est très dangereux d'habiter à côté de La Hague, tout ce qu'il trouve le conforte là-dedans [... rires] [3]. » Ce jugement de valeur reflète peut-être simplement sa conviction inverse, à savoir qu'il n'est pas dangereux d'habiter à côté de La Hague et que tout ce qu'elle trouve la conforte là-dedans... Ce n'est évidemment que pure hypothèse, qui ne demande qu'à être contredite.

Graves et irresponsables sont les attaques également portées envers le *BMJ*. « Je suis très surprise que le *British Medical Journal* ait publié cet article [...]. Ce n'est pas un journal d'épidémiologie et l'article n'a peut-être pas été évalué par des épidémiologistes. Par ailleurs, il arrive que le *BMJ* publie des articles scientifiquement douteux parce que la polémique les intéresse [4]. » Denis Bard, de l'Institut de protection et de sûreté nucléaire (IPSN), estime un peu moins violemment que l'article n'aurait pas dû être publié tel quel [5]. Ces propos montrent bien que l'on n'a pas affaire aux « meilleurs spécialistes français de l'épidémiologie ». Quelles que soient les motivations de leur attitude, ils se sont en effet attaqués fort imprudemment à une institution mondialement reconnue. Le *BMJ*, avec cent cinquante ans d'expertise médicale, a su construire une image d'indépendance et d'objectivité, respectée de tous. La totale absence de complaisance (qualité toute britannique) de son comité de rédaction et les validations successives avant publication d'un article en sont les garantes. Publier dans le *BMJ* est un rêve d'épidémiologiste car, parmi les revues de médecine à audience mondiale, elle est, je le rappelle, l'une des rares à ouvrir ses colonnes à la santé publique. Il faut avoir expérimenté ce processus pour en mesurer la rigueur et je souhaite à ces « experts » de vivre un jour une telle reconnaissance scientifique.

---

3. *E = M6*, M6, 23 février 1997.
4. Propos de Jacqueline Clavel, rapportés par Nathalie Levisalles, *Libération*, 10 janvier 1997.
5. Propos rapportés par Édouard Launet, *Libération*, 10 janvier 1997.

Le questionnaire remis en question

Les critiques techniques qui m'ont été adressées portent schématiquement sur deux aspects de la recherche : le questionnaire utilisé (et plus largement la quantification et la fiabilité de l'exposition), d'une part, la représentativité du groupe témoin (et donc la réalité des associations retrouvées), d'autre part.

Anticipant des réactions sur les questions posées aux parents, j'avais pris la précaution de reprendre et de traduire des questionnaires britanniques, pour ne pas être accusé de manipulation. D. Bard regrette que je « pose 173 questions différentes. En allant à la pêche, il finit forcément par trouver des réponses positives [6] ». On constate d'emblée, au mieux, une grande ignorance, au pire une volonté de nuire, car les enquêtes cas-témoins portent toujours sur un grand nombre de questions (plus de huit cents pour une enquête de ce type sur les leucémies actuellement en cours au Royaume-Uni). Sur le fond, sa remarque possède une part de vérité théorique mais qui, à mes yeux, ne s'applique pas à l'enquête de La Hague. Car la vraisemblance de l'intervention du seul hasard pour expliquer chacune des quatre caractéristiques significatives de l'enquête a été calculée. Elle est très faible, au plus égale à 1 %, et cette précision figure en bonne place dans l'article. De plus, si le hasard avait vraiment joué, il n'aurait que très exceptionnellement conduit à l'identification de deux facteurs maritimes indépendants (fréquentation des plages et consommation des produits de la mer) mais, par exemple, à l'infection par le virus de la varicelle, la consommation de lait cru ou l'exposition au benzène, toutes informations recueillies dans le questionnaire.

S'opposant au point précédent, J. Clavel trouve pour sa part que j'aurais dû recueillir plus d'informations, estimant « regrettable que les plages fréquentées ne soient pas

6. Propos rapportés par Nathalie Levisalles, *Libération*, 10 janvier 1997.

identifiées [7] ». C'est incroyable ce qu'on est toujours plus intelligent *a posteriori* ! J'aurais bien sûr aimé avoir recueilli ces informations pour augmenter la portée de mes conclusions, mais l'émergence de facteurs maritimes était totalement inattendue ! J'escomptais plutôt l'apparition de facteurs liés à l'emploi des pères dans l'industrie nucléaire. Comme quoi, je suis incapable de prévoir dès la création du questionnaire les variables qui, quatre ans plus tard, se révéleront significatives... Mais la démarche scientifique ne doit-elle pas s'alimenter du doute plutôt que de certitudes ?

Critiquant également le questionnaire, C. Hill focalise son attention sur le biais d'anamnèse (appelé aussi biais de mémorisation) : « Un danger grave pour ce genre de travail. Comment se souvenir combien de fois on est allé à la plage quand on était enceinte vingt ans plus tôt [8] ? » Ce biais théorique, un grand classique de l'enseignement en épidémiologie, recouvre en fait deux problèmes. Le premier concerne la précision de la mémoire, et le second une éventuelle différence de précision entre les mères d'enfants leucémiques et celles d'enfants témoins. Le fait que de nombreux comportements (dont la fréquentation des plages) ne puissent être renseignés autrement que par l'interrogatoire (heureusement pour les libertés individuelles, ils ne figurent dans aucun dossier ou fichier) n'autorise pas à éluder ces interrogations, au contraire. Les réponses ont pu être imprécises bien que la quantification proposée pour l'utilisation des plages et la consommation de poissons ait été simple et reproductible [9], et que la grossesse représente une période privilégiée pour la mémorisation des habitudes de vie (que la mère change souvent à cette occasion pour donner toutes les chances à son enfant). De là à faire passer les mamans du Nord-Cotentin pour des demeurées... Mais surtout, quand bien

7. Propos rapportés par Nathalie LEVISALLES, *Libération*, 10 janvier 1997.
8. *Ibid.*
9. Non, jamais ; oui, pendant les vacances seulement ; oui, mais moins d'une fois par mois ; oui, au moins une fois par mois, mais moins d'une fois par semaine ; oui, au moins une fois par semaine, mais pas tous les jours, oui, tous les jours ou presque.

même une telle imprécision serait-elle rencontrée, elle ne remettrait en aucune façon les résultats en cause. On démontre aisément qu'elle sous-estimerait le risque réel, qui serait donc encore plus élevé [10] !

En revanche, l'éventualité d'une précision différentielle (qui, elle, conduirait à une estimation erronée du risque) mérite quelques développements. La leucémie d'un enfant est une maladie injuste, cruelle, déstabilisant toute une famille. Les parents, et surtout la mère, ont alors tendance à se culpabiliser, recherchant dans leur passé toutes les « fautes » qu'ils auraient pu commettre et dont leur enfant serait l'innocente victime. Ils vont ainsi reconstruire leur souvenir, consciemment ou non, en fonction des informations qui leur parviendront, par la presse en particulier. Les parents d'enfants témoins, eux, ne se sont jamais livrés à cet exercice d'introspection systématique. Il pourrait alors en résulter une surestimation relative du niveau d'exposition aux facteurs de risque étudiés par les parents d'enfants leucémiques, rendant les résultats de l'étude ininterprétables. J'aurais craint ce biais de mémorisation si d'autres expositions, telle que la proximité d'une ligne à haute tension, étaient apparues significatives. En effet, depuis quelques années, la presse s'est faite l'écho d'une polémique portant sur les champs électromagnétiques et la survenue de leucémies et de cancer du cerveau chez l'enfant. Une telle couverture médiatique favorise l'intégration de cette exposition dans un souvenir reconstruit. Mais en ce qui concerne le Nord-Cotentin, jamais un danger potentiel lié à la fréquentation des plages n'avait été évoqué par les médias ! L'information alarmiste sur la fosse des Casquets, située à 15 kilomètres de La Hague, où 17 000 tonnes de déchets nucléaires ont été immergées par 65 à 165 mètres de fond jusqu'en 1963, est parue dans la presse le 18 octobre 1995 (c'est-à-dire quand l'enquête se terminait), à la suite des aveux de l'Autorité britannique

10. Jean Bouyer, Denis Hémon, Sylvaine Cordier, Francis Deriennic, Isabelle Stücker, Bénédicte Stengel et Jacqueline Clavel, *Épidémiologie. Principes et méthodes quantitatives*, INSERM, Paris, 1993, p. 122.

de l'énergie atomique [11]. Aussi me paraît-il peu vraisemblable qu'un tel biais d'anamnèse ait joué.

Un article, publié peu après, est venu renforcer ma position [12]. Janet Olson, du département d'épidémiologie pédiatrique de l'université du Minnesota, a comparé la validité et la reproductibilité des informations recueillies auprès des mères, lors d'une enquête cas-témoins portant sur les leucémies de l'enfant. La pathologie, l'âge et le schéma d'étude sont donc identiques à l'enquête de La Hague. Elle montre que, bien que recueillies par interrogatoire, les données portant sur les antécédents obstétricaux, les interventions médicales au cours de la grossesse et les caractéristiques de l'enfant à la naissance sont fiables. Qui plus est, leur crédibilité n'est pas entamée par le délai écoulé entre la naissance de l'enfant et l'entretien avec les mères, ni même par le statut (cas ou témoins). Cette étude est donc plutôt en défaveur de l'existence d'une imprécision ou d'une précision différentielle, liées à l'interrogation des mères. Pourtant, il est toujours tentant d'affirmer leur présence sans preuve pour discréditer une enquête cas-témoins quelles que soient la maladie et l'exposition étudiées. Pour résister à cette facilité, il suffisait de lire, dans le numéro du *BMJ* où était publié mon article, l'éditorial de Richard Smith qui, avec un flair certain, allait au devant de cette critique : « Une bonne communication entre pays nous aide à apprendre les uns des autres. De même en est-il ironiquement d'une mauvaise communication. Ainsi, la Grande-Bretagne se demande depuis dix ans si les installations nucléaires causent des leucémies. A l'opposé, la France, qui dépend étroitement de l'énergie nucléaire, s'est peu préoccupée de ce problème dans ses médias. Cela signifie que Dominique Pobel et Jean-François Viel pouvaient conduire une

11. Gilles Colas, *Ouest-France*, 18 octobre 1995.

12. Janet Olson, Xiao Shu, Julie Ross, Thomas Pendergrass et Leslie Robinson, « Medical record validation of maternally reported birth characteristics and pregnancy-related events : a report from the children's cancer group », *American Journal of Epidemiology*, vol. 145, 1997, p. 58-67.

enquête cas-témoins [...] *sans avoir à se préoccuper si les participants pouvaient connaître les hypothèses testées* [13]. »

Les témoins contestés

L'autre attaque frontale menée contre les résultats de l'enquête concerne la représentativité du groupe témoin. De la qualité de cette population dépend effectivement leur validité. Rappelons que, par *témoins*, on entend des individus « indemnes de la maladie étudiée, mais [...] également similaires aux cas en ce qui concerne la potentialité d'exposition [aux facteurs de risque] durant la période de risque considérée [14] ». Servant à l'estimation du niveau de base des différentes expositions, ils doivent donc être représentatifs de la population étudiée. Il est indéniable qu'un tirage au sort représente la méthode idéale, mais il est non moins évident qu'il est impossible à mettre en œuvre dans notre pays pour des raisons déjà évoquées. Tous les épidémiologistes de France et de Navarre le regrettent, mais certains feignent encore de l'ignorer! Pour les recherches sur les adultes, nous en sommes réduits à utiliser les listes électorales, bien que leur représentativité soit en partie discutable, au regard du caractère volontaire que requiert une inscription. A l'évidence, ces listes ne sont pas opérationnelles pour les enfants, d'où ce constat laconique : « La recherche d'enfants de la population générale pour des enquêtes épidémiologiques est une entreprise difficile en France. Le recensement à partir des écoles exclut les plus jeunes; dans certains pays, les témoins sont choisis dans la clientèle du médecin traitant. L'identification peut se faire à partir de listes d'enfants (certificat de naissance) ou d'adultes (recensement) ayant potentiellement des enfants. Outre que l'accès à ces listes

---

13. Richard Smith, Editor's choice, « Learning about cancer from France and rationing from New Zealand », *British Medical Journal*, 11 janvier 1997 (c'est nous qui soulignons).

14. James Schlesselman, *Case-Control Studies. Design, Conduct, Analysis*, Oxford University Press, New York, 1982, p. 76.

est problématique voire impossible, il est parfois difficile de retrouver ces enfants plusieurs années après leur naissance lorsque, par exemple, l'enfant né juste après le cas est choisi comme témoin [15]. »

Les solutions toutes faites n'existent pas dans ce domaine et j'ai donc mis en place une procédure reposant sur les médecins généralistes et les adultes ayant potentiellement des enfants, associant ainsi deux aspects suggérés par les auteurs du livre cité. Seulement, l'un d'entre eux n'est pas à une contradiction près, me reprochant cette stratégie ! « Le mode de recrutement des témoins par l'intermédiaire des médecins généralistes est loin d'être sans défaut [16]. » Pourtant, j'avais pris soin de comparer dans l'article les deux groupes (malades et témoins) pour des caractéristiques sociodémographiques et médicales. Il n'existait aucune différence, mais cela ne semble pas suffisant à J. Clavel. « On peut imaginer que les patients habitent plus près du littoral que les témoins, ce qui expliquerait qu'ils vont plus souvent à la plage ; mais il y a aussi plus de maisons en granit sur la côte, ce qui peut entraîner un léger risque [17]. »

Ainsi tous les résultats significatifs de ma recherche (expositions maritimes et habitation dans un environnement granitique) seraient dus au groupe témoin mal choisi. Quelle clairvoyance ! Cet acharnement tourne au ridicule. Il suffit d'avoir parcouru une fois La Hague pour constater que les anciens construisaient leurs habitations à l'abri des vents violents, à l'intérieur des terres, dans d'étroits vallons. De plus, j'avais pris toutes les précautions préalables, en exigeant que chaque enfant témoin habite dans la même zone géographique que l'enfant leucémique auquel il était apparié.

Arrêtons-nous quelques instants pour examiner en quoi une habitation plus éloignée des plages pour les témoins

---

15. Jean Bouyer et *al.*, *op. cit.*

16. Propos de Jacqueline Clavel, rapportés par Jean-Yves Nau, *Le Monde*, 11 janvier 1997.

17. Propos de Jacqueline Clavel, rapportés par Michel de Pracontal, *Le Nouvel Observateur*, 16-22 janvier 1997.

aurait constitué un tel biais. Un enfant résidant sur le littoral a plus de chances de fréquenter régulièrement la plage qu'un enfant habitant à l'intérieur des terres. Si le premier est devenu leucémique et le second a été choisi comme témoin, c'est que ce dernier a été mal sélectionné. Par définition, il aurait dû présenter la même potentialité d'être « exposé » aux jeux sur la plage, *qu'il s'y soit effectivement rendu ou non*. Le lien plage-leucémie serait alors simplement dû au fait que les enfants témoins *ne pouvaient pas* fréquenter aussi régulièrement le littoral. C'est ce qu'affirme J. Clavel – sans preuves. Maintenant, si les deux enfants sont voisins, la plage constitue un authentique facteur de risque puisque, *à possibilité égale*, on constate que les enfants qui deviendront leucémiques s'y sont promenés plus souvent. C'est ce que j'ai démontré algébriquement dans une lettre adressée au *BMJ* et à J. Clavel pour respecter les bonnes pratiques. J'y prouve qu'en moyenne les cas et les témoins habitent à égale distance (à vol d'oiseau) de la côte la plus proche et des deux plages les plus fréquentées du Nord-Cotentin (Vauville et Urville-Nacqueville) [18]. Mais le dépouillement des questionnaires de l'enquête, lui, prouvait bien que les futurs enfants leucémiques s'y étaient rendus plus souvent. Dans cet exemple, un *a priori* dogmatique associé à une contre-vérité a encore conduit à une mauvaise information du public.

Des leucémies en nombre insuffisant ?

La faiblesse des effectifs a souvent été mise en avant. Pour autant, c'est méconnaître les bases théoriques de la statistique. Si on ne peut le reprocher à des élus locaux, cette position est intolérable quand elle est tenue par un polytechnicien ou un prix Nobel. La statistique « clas-

18. Jean-François VIEL, « Criticism of study of childhood leukaemia near French nuclear reprocessing plant is unfounded », *British Medical Journal*, vol. 314, 1997, p. 301.

sique » est par définition dissymétrique dans ses conclusions. Elle permet de conclure à une « différence statistiquement significative » si la valeur du test dépasse un certain seuil. En deçà de ce seuil, ce n'est pas l'absence de différence qui s'impose, mais l'absence de conclusion. On ne met rien en évidence, c'est tout. Représentons pour nous en convaincre un test statistique sous la forme d'une loupe. Sa puissance est proportionnelle au nombre de sujets étudiés. Utilisons cette loupe pour examiner une image (qui serait constituée des caractéristiques des sujets étudiés). Si, avec une loupe de faible puissance, nous identifions un détail, c'est qu'il existe réellement et son observation n'autorise pas à douter des qualités optiques de l'instrument. En revanche, si nous ne remarquons rien, nous pouvons toujours penser qu'avec une loupe de plus forte puissance (donc avec plus de sujets) notre acuité aurait été meilleure. *Un faible nombre de sujets ne remet donc absolument pas en cause l'existence des facteurs identifiés, qui auraient été encore plus significatifs avec un nombre de sujets plus élevé !* C'est l'absence de différence sur un petit échantillon qui peut toujours être remise en question.

L'objection la plus documentée porte sur l'apparent paradoxe que constitue l'ampleur de l'excès de leucémies constaté (quelques cas), et les risques relatifs associés aux expositions maritimes [19]. Si ces dernières étaient liées causalement à la maladie, c'est entre 18 et 31 leucémies supplémentaires – et non pas trois – qui auraient dû être observées, selon les calculs préliminaires d'un membre du comité Souleau. Deux explications sont mises en avant : « L'échantillon témoin pourrait ne pas être représentatif de la population source des cas ; les informations recueillies pourraient fournir une image déformée par rapport à la réalité de la répartition des facteurs de risque étudiés dans le groupe des cas et/ou dans celui des témoins. » La

19. Ces considérations sont extraites du rapport établi par le professeur Souleau, président du Comité scientifique pour une nouvelle étude épidémiologique des leucémies dans le Nord-Cotentin. Les travaux de cette commission seront évoqués plus loin.

contre-argumentation théorique étant au-delà de mes compétences, j'en suis resté à quelques considérations plus simples. Tout d'abord, comme toute estimation statistique, ces résultats font l'objet de fluctuations aléatoires non précisées, mais qui pourraient rendre les différents faits beaucoup plus compatibles. Ensuite, les relations dose-réponse ne sont pas prises en compte dans leur intégralité, mais avec un seuil unique. De plus, les explications avancées sont toujours les mêmes, et je pense avoir suggéré quelques arguments qui s'y opposent dans les paragraphes précédents. Enfin et surtout, ces calculs n'incluent pas les éléments de ma conclusion principale. Pour exprimer leurs effets, les radiations ionisantes pourraient nécessiter l'action de cofacteurs, dans un processus éventuellement synergique. La critique émise n'est pas, à mes yeux, incompatible avec cette hypothèse.

Le débat scientifique, sur un ton beaucoup plus courtois, a finalement eu lieu le 24 mai 1997 dans les colonnes du *BMJ* [20]. Il est concis puisque chaque intervenant (ils sont au nombre de cinq) s'exprime sous forme d'une lettre de 400 mots maximum, tandis qu'il ne m'est alloué que 400 mots pour répondre à l'ensemble des commentaires. Au-delà de quelques aspects techniques, la discussion tourne globalement autour des points déjà évoqués dans ce chapitre, ainsi que sur l'inévitable hypothèse virale (qui ferait d'un virus inconnu la cause d'une leucémie chez un enfant immunologiquement mal préparé à un tel contact).

Déterminé ou surdéterminé ?

Les obstacles ont toujours renforcé ma détermination, et ils n'ont pas manqué dans cette entreprise. Pour autant, pas plus qu'un autre, je ne suis protégé de la surdétermination, même si j'ai pris quelques mesures préventives.

20. « Leukaemia near La Hague nuclear plant (letters) », *British Medical Journal*, vol. 314, 1997, p. 1553-1555.

L'obtention d'un financement public, la distension des liens avec des équipes de recherche institutionnelles, l'indépendance totale à l'égard des industriels du nucléaire, la non-fréquentation des antichambres ministérielles, l'absence de militantisme politique ou syndical participent toutes de cette démarche. Ma mouvance, c'est la recherche citoyenne.

Pourtant, il persiste un espace propice à la surdétermination. C'est l'épidémiologie elle-même... Elle est affaire non seulement de technique, mais aussi d'interprétation. Subtile et éclairée en ce qui concerne le jugement de causalité qui déchaîne les passions chez les épidémiologiques. Un jugement en réalité inaccessible pour les uns, qui se réclament d'une éthique de l'exigence, à approcher au plus près pour les autres au nom d'un nouveau contrat social reposant sur le principe de précaution. Le « savant-citoyen [21] » s'engage dans des contrées aux limites incertaines où l'épidémiologie hésite en général à envoyer des éclaireurs. Concrètement, faut-il attendre de réunir les six atouts majeurs de la causalité en quelques décennies avant de provoquer une décision, ou quelques-unes de ces six cartes suffisent-elles à susciter légitimement un débat de société ? Si j'ai penché pour la seconde option, c'est que les bruits de la Cité parviennent à nos portes. On a trop reproché aux épidémiologistes leurs timides éclairages sans que ce soit toujours de leur fait. Sous-déterminés en quelque sorte. L'irruption de la demande sociétale rend-elle comparativement ceux qui tentent d'y répondre téméraires, voire illuminés ? Chacun peut se forger sa propre opinion en passant au crible des critères de causalité la fréquentation des plages de La Hague par les enfants. J'ai pour ma part conclu, en mon âme et conscience, qu'il y avait « quelques arguments convaincants [...] en faveur d'un rôle causal pour l'exposition aux radiations envi-

21. Pour reprendre l'expression de François D'AUBERT, « Ouverture », *Le Savant et la Politique aujourd'hui. Un débat sur la responsabilité et la décision*, colloque de La Villette, Albin Michel, Paris, 1996, p. 11-18.

ronnementales à partir des activités de loisirs sur les plages [22] ».

Certains scientifiques se sont alors déchaînés, oubliant le mot « quelques », et négligeant quatre des six critères, pour m'accuser de ne pas avoir vérifié le sixième. Outre que c'était hors de mes compétences, j'avais cru répondre par avance à cette interrogation en appelant à un travail multidisciplinaire sur cette interface biologique. Le conseil scientifique de l'Office de protection contre les rayonnements ionisants (OPRI) illustrera son aveuglement institutionnel par un communiqué à l'AFP destructeur, le 23 janvier 1997 : « Cette interprétation néglige le fait essentiel que constituent les milliers de mesures au titre du contrôle de la radioactivité ambiante et de la radioactivité des poissons et des crustacés de la région normande... Le conseil scientifique de l'OPRI invite à considérer la thèse soutenue par le professeur Viel comme non plausible et non scientifiquement fondée à établir un lien entre leucémies de l'enfant et exposition à la radioactivité des effluents de La Hague. » Où est donc la controverse entre scientifiques, adjectif dont se pare ce conseil ?

Je tourne une fois de plus mon regard outre-Manche, en Écosse cette fois-ci, pour trouver quelques repères dans un monde qui vacille autour de moi. La similitude avec Dounreay n'a évidemment pas échappé aux Écossais. Un journaliste a interrogé le docteur Andrew Fraser, directeur du conseil de santé des Highlands [23], sur la causalité épidémiologique que suggère mon enquête. La réponse du Dr Fraser tient dans ces mots : « Je propose cette liste de vérifications. L'hypothèse est-elle biologiquement plausible ? – Oui. Y a-t-il une association temporelle ? C'est-à-dire, l'exposition aux radiations et les leucémies de l'enfant se succèdent-elles dans le bon ordre ? – Oui. Y a-t-il une force d'association entre l'exposition environnementale et les leucémies de l'enfant ? – Les signes

22. « There is some convincing evidence [...] of a causal role for environmental radiation exposure from recreational activities on beaches. »

23. L'équivalent français le plus proche serait le médecin inspecteur régional de Basse-Normandie. Au fait, l'a-t-on entendu ?

s'accumulent. Y a-t-il un effet dose-réponse ? C'est-à-dire, pour des expositions croissantes, y a-t-il un lien qui augmente avec les leucémies ? – Les résultats de cet article soutiennent cet aspect de causalité pour les enfants mais pas pour les femmes enceintes. Y a-t-il une consistance de cette preuve ? – Les arguments sont limités. La cause et l'effet sont-ils spécifiques ? C'est-à-dire un type d'exposition mène-t-il à une catégorie de maladie ? – Sûrement pas [24]. » Au vu de ses réponses, le docteur Fraser conclut qu'il y a de « bons arguments pour un lien causal [25] ».

L'irrésolu

J'admets sans réserve que l'épidémiologie, seule, ne peut mener à une connaissance définitive. En ce qui concerne La Hague, je n'ai jamais prétendu avoir apporté la preuve finale de la responsabilité des radiations ionisantes à faible dose dans l'émergence des leucémies. Comme toute science humaine, l'épidémiologie vit la contradiction intrinsèque de « dépendre de l'homme à la fois comme sujet et comme objet, ce qui soulève, cela va de soi, une série de questions particulières et difficiles [26] », parmi lesquelles figure le consensus sur la causalité.

L'étude que j'ai publiée partage l'ensemble des avantages et inconvénients de toute étude cas-témoins, quelle que soit la pathologie ou l'exposition étudiée. J'ai expliqué précédemment pourquoi, à mes yeux, la conjonction de certains arguments autorisait l'hypothèse de causalité. J'ai pris soin de différencier dans mon article les résultats (« Facts, only facts [27] » disent les Anglo-Saxons) de l'interprétation que j'en donne dans une section titrée « Discussion ».

« L'épidémiologie est une discipline scientifique qui se

24. Propos rapportés par David Ross, *The Herald*, 15 janvier 1997, p. 9.
25. *Ibid.*
26. Écrits de Jean PIAGET cités par Alfredo MORABIA, *Épidémiologie causale*, Médecine et Hygiène, Genève, 1996, p. 157.
27. « Des faits, uniquement des faits. »

cherche un tel modèle [de causalité], qui n'en a pas trouvé, et qui utilise comme pis-aller un système d'inférence causale, le plus souvent dépourvu de preuve, reposant sur la critique logique [28]. » Une telle critique est donc tout aussi légitime que l'objet sur lequel elle porte. Il est vrai par exemple que la consistance n'est pas totale puisque autour de Sellafield le facteur « plage » n'a pas été retrouvé, que le critère de choix des témoins peut être discuté à loisir, qu'on peut toujours craindre un biais de mémorisation, etc.

En revanche, orientée et tronquée a été la présentation de mes conclusions, sans que je puisse discerner qui, des détracteurs ou des médias rapportant leurs propos, en sont les responsables. La légitimité de la critique a constitué, dans une logique manichéenne et perverse, un argument d'illégitimité de l'article princeps et de ses auteurs. Un seul épidémiologiste français a reconnu la qualité scientifique de la recherche. « Le travail est bien fait, même si l'annonce manquait un peu de prudence [29] », a déclaré sobrement le professeur Joseph Lellouch, directeur de recherche à l'INSERM, et figure emblématique de la recherche épidémiologique française. Le professeur Richard Clapp, de l'université de Boston, résume pour sa part l'article à l'aide d'une métaphore tout américaine : « Vous pouvez toujours décrire les pionniers par les flèches plantées dans leur dos. La controverse est directement proportionnelle aux enjeux économiques [30]. »

Je n'ai lu nulle part que le concept cas-témoins était lui-même en cause, et que, comme la plus belle fille du monde, il ne pouvait donner que ce qu'il possédait. L'irrésolu est constitutif de l'épidémiologie en général, et des enquêtes cas-témoins en particulier. Ces dernières sont pourtant les plus utilisées de par le monde et, que je sache, exceptionnelles sont celles qui font l'objet d'un tel lynchage. Je ne vois pas d'autre raison que la nature de

---

28. Alfredo MORABIA, *op. cit*, p. 158.
29. Propos rapportés par Véronique MAURUS, *Le Monde*, 17 avril 1997, p. 12.
30. Propos rapportés par Clarc KITTREDGE, « Nuclear plant link to leukemia ignites furor », *Boston Globe*, 11 août 1997, p. c1-c4.

l'exposition (les radiations ionisantes) et les intérêts industriels qui s'y rattachent. Si j'avais publié les résultats d'une enquête cas-témoins portant sur les relations entre cancer du sein et habitudes alimentaires par exemple, personne n'aurait rien trouvé à y redire. Le Groupement de scientifiques pour l'information sur l'énergie nucléaire (GSIEN) sera le seul de cet avis. « Il est du devoir d'un chercheur de publier ses travaux. En l'occurrence, une étude portant sur d'autres agents polluants n'aurait certainement pas soulevé une telle levée de boucliers. Le nucléaire reste un sujet tabou », déclare-t-il le 5 février 1997, dans un communiqué de presse.

Aucun scientifique ni décideur politique n'a admis publiquement que, au vu des contraintes réglementaires françaises, il était impossible d'œuvrer autrement pour répondre à la question posée. Le suivi des pathologies d'une cohorte de population ne peut être assuré, obligeant faute de mieux à utiliser le schéma cas-témoins. Malheureusement, même pour ce type d'enquête, la sélection de témoins au sein de la population générale (et non des clientèles des médecins généralistes) n'est pas plus opérante. Reconnaître ces faits, c'était admettre les lacunes de la surveillance sanitaire française et les erreurs passées.

Est-ce à dire que l'apport de l'épidémiologie est infinitésimal ? Pour Alfredo Morabia, chercheur suisse francophone, « le bilan provisoire de la discipline est méritoire, mais dans la plupart des cas il a fallu convaincre sans preuve. [...] L'essentiel tenait à la cohérence logique et scientifique des énoncés causaux, à l'approche par *critères.* Ceci laisse une large place aux interprétations contradictoires, parfois inconciliables. [...] Le jugement final relève, en effet, de l'interprétation, de la synthèse, de l'intégration d'une foule de données objectives dans un système plus large. A ce titre, un modèle de causalité dans les sciences humaines est plus proche d'un système philosophique que scientifique. Il tend à intégrer [...] la totalité de l'expérience vécue, à embrasser un contenu plus riche que la connaissance objective. Ce pourrait être la raison de l'absence d'accord sur un modèle unique [31] ».

L'homme, la société, son environnement ne cessent d'évoluer, rendant la prégnance d'une part d'irrésolu inéluctable voire souhaitable. La recherche causale ne peut pas bénéficier de conditions quasi expérimentales dans un tel monde en mouvance. Là réside le formidable malentendu entre le scientifique et la société. Le premier privilégie la relativité des faits, l'incertitude dans l'acquisition du savoir. L'opinion publique, elle, est peu familière avec l'idée que la connaissance ne se confond pas avec l'accumulation de certitudes. Le politique, quand à lui, ne peut plus faire l'économie du savoir et doit prendre des décisions « dures » à partir de données « molles ».

Dans cette histoire de La Hague, comme dans bien d'autres affaires de santé publique (sang contaminé, amiante, etc.), surdétermination, détermination et indétermination ont contribué à la délivrance d'un message parasité, parfois à dessein, par certains acteurs du jeu social. Toutes les réactions que j'ai passées en revue jusqu'à présent ont en commun d'être « centralisées », au niveau des acteurs (institutions scientifiques...), des vecteurs (médias parisiens...) et de l'objet (le cœur de la « boîte noire » épidémiologique qu'est l'enquête cas-témoins). Un deuxième cercle de contre-offensives, plus « périphériques [32] » sous certains aspects, s'est déployé parallèlement contre les résultats de ma recherche. Elles empruntent toutes une caractéristique sociologique locale, par laquelle je commencerai : le déni de réalité.

---

31. Alfredo Morabia, *op. cit*, p. 158.
32. Par « périphériques » j'entends des réactions plus individuelles qu'institutionnelles, plus locales que nationales, plus morales que techniques.

12

Le déni de réalité

« Cécité paysagère [1] »

La vie doit continuer à s'écouler comme avant, à La Hague... comme avant l'usine. Françoise Zonabend, anthropologue à l'École des hautes études en sciences sociales, a fort bien décrit l'impression de bouleversement et de pérennité émanant de ces lieux, ainsi que les tensions qui résultent de la coexistence de leurs univers extrêmes. Elle a analysé avec attention les perceptions et représentations des risques (humains et environnementaux) qu'entraîne le fait d'habiter et de travailler à proximité (et à l'intérieur) des installations nucléaires. Car pour vivre dans des conditions de confort moral suffisantes, les habitants de La Hague ont dû adopter un certain nombre de comportements : occultation, négation, passivité, refus d'en savoir plus... Ce déni de réalité est la conséquence bien compréhensible d'une menace invisible, peu probable

1. Cette expression, comme de nombreux développements de ce paragraphe, est tirée de l'ouvrage de Françoise ZONABEND, *La Presqu'île au nucléaire*, Odile Jacob, Paris, 1989.

bien que possible, à la puissance cataclysmique si elle était libérée. « Si on vit là, si l'on travaille là, c'est qu'on ne risque rien. Dès lors, toute question sur le danger, le risque encouru, sera refusée, déniée, détournée [2]. »

Ce déni se nourrit aussi de l'opacité qui a régné sur l'installation de l'usine de retraitement et de la politique de communication lénifiante mise en place par l'opérateur. La réalité de ce déni récurrent se révèle sous de multiples visages. Le syndrome de « cécité paysagère » en constitue peut-être une des médiations les plus fréquentes. Combien de fois a-t-on entendu : « Je ne cours aucun risque puisque, de chez moi, l'usine est invisible ! » Cette réaction de refus est parfois plus assumée quand il s'agit de l'image qu'on donne de soi aux « horsains [3] ». Ainsi, le beurre produit localement est-il du « Val-de-Saire [4] » et les homards pêchés au large, « bretons ». Fatalisme et résignation s'expriment de temps en temps au détour de phrases banales. « Tous ces langages énoncés ou muets, chuchotés ou articulés, parlent d'une même voix d'une indéniable peine secrète, d'une certaine douleur enfouie, d'un bonheur à jamais perdu [5]. »

La souffrance morale des habitants mérite le respect, et ce n'est pas le médecin que je suis qui portera un quelconque jugement de valeur. En revanche, cette souffrance a été prise en otage par de nombreux acteurs pour des motifs financiers ou politiques peu avouables. Pour éviter leur propre remise en question, ils ont agité les peurs sociales et développé un argumentaire du déni.

---

2. Françoise ZONABEND, *op. cit.*, p. 12.
3. Cette expression normande caractérise tous ceux qui ne sont pas nés dans le « pays », voire dans la commune considérée.
4. Le Val-de-Saire est constitué de la partie nord-est du Cotentin, tandis que La Hague est située au nord-ouest.
5. Françoise ZONABEND, *op. cit.*, p. 19.

Le détournement de sens

La meilleure façon de nier les faits est de les reconstituer en leur attribuant une autre signification, qui, elle, prête le flanc à une critique évidente. L'efficacité de ce détournement de sens est renforcée par la surinformation, technique très classique dans nos sociétés contemporaines pour masquer une révélation gênante. « Il en va des scandales comme des rumeurs. Si le démenti, face à la diffusion de certains faits établis, n'est plus possible, la meilleure façon de les étouffer n'est pas de les passer sous silence mais au contraire de les noyer dans un torrent d'informations contradictoires [6]. » La logorrhée comme écran de fumée.

Le plus simple est de faire appel à des études antérieures qui n'ont rien à voir, mais qui paraissent rassurantes. Ainsi Patrick Lederman, directeur de l'usine de La Hague, a-t-il déclaré sur France 2 en janvier 1997 à propos de mes travaux : « Nous considérons que cette étude n'est pas fondée. Il y a par ailleurs de nombreuses études de mortalité autour des installations nucléaires en France et en particulier autour de l'usine de La Hague, qui ont toutes conclu de façon claire à l'absence de risque particulier de mortalité due au cancer [7]. » P. Lederman feint d'ignorer que dans ces études la seule information disponible concernait la localisation géographique des sujets leucémiques et en aucun cas leurs antécédents médicaux, leurs habitudes de vie, etc. Ne cherchant pas des causes suffisamment précises, elles ne peuvent pas identifier de risque particulier. De plus, elles portent sur la mortalité qui, comme nous l'avons vu, est l'indicateur de choix si l'on souhaite ne rien démontrer.

Une étude peut aussi en cacher une autre... et ajouter à la confusion. Certains ont volontairement fait uniquement

6. Isabelle RIEUSSET-LEMARIÉ, *Une fin de siècle épidémique*, Actes Sud, Arles, 1992, p. 117.

7. France 2, journal de 20 heures, 10 janvier 1997. Il y a en fait eu trois études sur ce thème, dont une de mon ressort.

référence à une de mes recherches préliminaires, parue en 1995, dans laquelle je ne m'intéressais qu'aux localisations géographiques. Cela permettait de détourner l'attention des facteurs de risque individuels, en particulier maritimes, et donc de considérer ces derniers comme un non-événement. C. Hill déclare ainsi : « Jean-François Viel a prétendu avoir mis en évidence un excès de leucémies à La Hague, mais ce n'est pas très convaincant [8]. » J'ai effectivement montré en 1995 que le risque de leucémies dans le canton de Beaumont-Hague était trois fois plus élevé qu'ailleurs, et je m'étais bien gardé d'attribuer cet excès à l'usine de la Cogema. D'ailleurs, après l'enquête individuelle, il peut être rétrospectivement associé à la fréquentation des plages, constituant une confirmation supplémentaire. Citer tous ceux qui ont utilisé cet argument constituerait une litanie.

On peut aussi faire porter le regard des citoyens ailleurs. P. Lederman s'emploie a démontrer que « si l'on applique cette méthode en découpant la France en petites zones, on trouvera plusieurs centaines de réponses identiques, et sans présence d'industrie nucléaire [9] ». Par « réponses identiques », il entend d'autres agrégats spatiaux de leucémies. Il oublie, une fois de plus, que la méthode à laquelle il fait allusion n'est pas celle de l'enquête cas-témoins que j'ai employée. Mais, sorti de ce contexte, le raisonnement a quelques fondements théoriques quoiqu'un peu exagérés (« plusieurs centaines » semble à tout le moins excessif). On peut effectivement imaginer que des regroupements géographiques de leucémies existent également ailleurs en France. Mais on ne peut m'accuser d'avoir sélectionné artificiellement le canton de Beaumont-Hague pour satisfaire je ne sais quel *a priori* dogmatique. J'ai appliqué la procédure inverse, la seule qui vaille dans le domaine scientifique, à savoir la démarche hypothético-déductive. A partir d'une hypothèse émise en Angleterre (présence d'une usine de retraitement des déchets nucléaires), j'ai

8. *E = M6*, M6, 23 février 1997.
9. Propos rapportés par Jean-Pierre Buisson, *Ouest-France*, 10 janvier 1997.

recueilli des faits (autour de La Hague) et j'ai confronté les faits à l'hypothèse. De plus, faute de l'existence d'un registre national du cancer en France, on ne connaît pas la situation qui prévaut dans les autres régions et l'allégation de P. Lederman ne peut être vérifiée. Son attitude ressemble étrangement à la tactique du « Allez voir ailleurs si j'y suis ».

L'ultime détournement consiste en la négation du sens. Le docteur J.-M. Gelas, de la Cogema, déclare ainsi péremptoirement : « Il apparaît absurde d'isoler parmi les multiples facteurs environnementaux pouvant être envisagés les seuls rayonnements ionisants comme étant à l'origine des leucémies [10]. » Le docteur Gelas n'a sans doute pas bien lu mon article puisque, au lieu de faire de la radioactivité une cause unique des leucémies, j'y suggère au contraire une origine multifactorielle [11].

(Arithm)éthique ?

Les industriels de l'atome ont toujours privilégié une approche quantitative, relativisant les effets du nucléaire sur la santé par comparaison avec les autres sources d'énergie. Il est vrai que le charbon et le fioul apportent beaucoup plus de nuisances à court terme. Ces énergies fossiles conduisent au rejet de dioxyde de carbone (CO_2), d'oxydes d'azote (NO_x) et de dioxyde de soufre (SO_2) dans l'atmosphère. C'est tout de même oublier deux faits. Le gaz naturel tout d'abord, considéré par beaucoup comme l'énergie à plus faible risque, aurait selon cette logique dû en France faire l'objet des investissements ou des recherches dont peut se prévaloir le nucléaire. On annonce d'ailleurs la mise à disposition prochaine de turbines à gaz à haut rendement énergétique, dont le prix de revient du kilowatt/heure en ferait de redoutables concur-

10. *Le Quotidien du médecin*, 13 janvier 1997, p. 20.
11. « But one explanation probably does not account for all cases, and other exposures such as to radon may play some part, maybe even a synergetic one. »

rentes des centrales nucléaires. Tchernobyl ensuite... Les experts officiels ont été longs à admettre la réalité des conséquences de cette catastrophe (même pour les cancers de la thyroïde de l'enfant). Source d'effets sanitaires de grande ampleur au moins à une occasion, le rapport coût/bénéfice *a priori* favorable du nucléaire civil pourrait être remis en question.

Mais Tchernobyl, c'est si loin, dans un pays réputé sous-développé sur le plan technologique... « Il y a donc eu en vingt-cinq ans deux très graves accidents dans les centrales nucléaires : Harrisburg (Three Mile Island) aux États-Unis en 1978 et Tchernobyl en URSS en 1986. Dans les deux cas, il y a eu fusion du cœur, *le plus grave accident envisageable. La conception différente des réacteurs a fait que les conséquences sanitaires ont été nulles dans le premier, très importantes dans le second*[12]. » Pourtant, une recherche récente vient de montrer que l'accident de Three Mile Island a bien été suivi par une augmentation ultérieure des leucémies dans les zones avoisinantes[13].

Georges Charpak n'hésite pas à pousser cette pseudo-éthique du nombre jusqu'aux frontières de l'ordre moral. « Cela dit, c'est vrai, il y a eu des morts à Tchernobyl, et l'on peut estimer que 30 000 à 60 000 périront dans les trente ans à venir en raison de cette catastrophe. Mais pendant ces mêmes trente années, les ravages du tabac seront, eux, exponentiels : de 3 millions de morts par an, comme aujourd'hui, on risque de passer, dans une dizaine d'années, à 10 millions de victimes du fait de l'augmentation de la consommation de cigarettes dans les pays sous-développés et de la hausse de leur production aux États-Unis ! *Or, je suis plus inquiet pour ces 10 millions de morts causées par le tabac que pour les 30 000 décès*

12. Dr Michel Bertin, *Énergie électro-nucléaire. Les effets biologiques des rayonnements ionisants*, EDF, Paris, 1991, p. 265 (c'est l'auteur qui souligne).

13. Steve Wing, David Richardson, Donna Armstrong et Douglas Crawford-Brown, « A reevaluation of cancer incidence near the Three Mile Island nuclear plant : the collision of evidence and assumptions », *Environmental Health Perspectives*, vol. 105, 1997, p. 52-57.

dus à Tchernobyl[14]. » La logique de Georges Charpak est clairement comptable et non pas éthique. Il oublie que l'homme est homme par sa complexité et ses choix, qui peuvent paraître irrationnels à un physicien mais sûrement pas à un médecin ou un humaniste. Un risque invisible subi au nom de la raison d'État n'est pas plus légitime, même s'il est moins fréquent, qu'un risque individuel accepté. D'ailleurs, les lecteurs de *La Vie* ne s'y sont pas trompés[15].

Alors, quelques cas de leucémies en plus... La morale ne s'accommode pas du nombre, et la démocratie exige l'application du principe de précaution.

Les victimes escamotées

Effacer l'existence des victimes a constitué le dernier volet de ce triptyque du déni. Sans victime, pas de faute... C'était d'autant plus facile que plus de la moitié des enfants leucémiques étaient décédés, et que les parents pris dans leur douleur et la tourmente des informations contraires ne pouvaient que se réfugier dans le silence. Je n'ai cessé de penser à ces familles, m'inquiétant des conséquences que pouvait avoir la médiatisation sur leur sentiment de culpabilité, leur travail de deuil, leur équilibre. Je les ai protégées à ma façon en ne rompant jamais le contrat moral qui me liait à elles, celui du secret médical et du respect de l'autre.

Un père a relevé la tête pour témoigner. Avec des mots sobres et justes, il a raconté la maladie de son enfant, leur déménagement à distance plus lointaine de l'usine par crainte d'une cause environnementale, pour conclure : « Il ne s'agit pas de jeter la suspicion sur la Cogema. Il est impossible aujourd'hui de se passer du nucléaire. Mais si le gouvernement a décidé de mener une enquête sur

14. Propos recueillis par Élisabeth Nicolini, *La Vie*, 6 février 1997, p. 18-20 (c'est nous qui soulignons).
15. Courrier des lecteurs, *La Vie*, 27 mars 1997, p. 80-81.

La Hague, il serait peut-être judicieux d'y associer les gens qui vivent ici, des médecins, des agriculteurs... afin que l'État ne soit plus juge et partie [16]. »

Puis, pendant quelques mois, plus rien... Les enfants leucémiques sont les grands absents des préoccupations locales, subtilisés, volatilisés. On m'accuse même de les avoir pris en otages : « Le moins acceptable dans tout cela est de jouer sur la fibre la plus sensible de tout être humain, la maladie de l'enfant et pas n'importe laquelle : la leucémie [17] ! »

Soudainement, en juin 1997, les politiques locaux, selon une logique qui me stupéfie encore, changent diamétralement d'attitude. Dans une motion de la communauté urbaine de Cherbourg (le 26 juin [18]) et du conseil régional de Basse-Normandie (le 27 juin [19]), ils exigent avec des mots étonnamment identiques, « comme le recommande le comité scientifique, la levée de l'anonymat et de la confidentialité des données de l'étude cas-témoins du professeur Viel » !

En fait, dans le rapport final de la commission figure la recommandation suivante : « L'analyse des études d'incidence, d'une part, et cas-témoins, d'autre part, réalisées dans le Nord-Cotentin, doit être encore approfondie selon les modalités détaillées dans le rapport complet, pour aboutir à des résultats validés et interprétables de façon cohérente [20]. » Il ne s'agit pas du tout de mettre les enfants leucémiques en pleine lumière ! Je suis pris en tenaille par cette exigence des élus locaux qui me tendent un piège redoutable. Si je refuse de lever l'anonymat, c'est que j'ai quelque chose à cacher... or, je ne peux que refuser. Car ils savent que je ne pourrai jamais répondre favorablement à

---

16. Propos rapportés dans *L'Est républicain*, 12 janvier 1997.
17. Propos de Pascal Giroux, médecin généraliste de Beaumont-Hague n'ayant pas participé à l'enquête, rapportés par *La Presse de la Manche*, 25 janvier 1997.
18. « Motion sur le nucléaire », *La Presse de la Manche*, 27 juin 1997.
19. Jacques Duquesnes, « Les études épidémiologiques sur les leucémies dans le Nord-Cotentin font peur aux élus locaux », *La Lettre de Basse-Normandie*, 3-9 juillet 1997.
20. Je reviendrai plus loin sur cette proposition que deux membres du comité ont refusé d'entériner.

cette exigence qui va à l'encontre de l'éthique de tout médecin. Au cours de mes enquêtes, dans la lettre d'information remise aux parents, sur le formulaire de consentement écrit qu'ils ont signé, et dans les documents remis à la CNIL, j'ai pris des engagements forts et inaliénables : « Toutes les informations que vous voudrez bien me communiquer seront confidentielles, analysées de façon strictement anonyme, et destinées aux seuls médecins en charge de l'étude » ; « Aucune interconnexion ou cession de fichier informatique ne sera réalisée avec la Cogema, ni aucune autre personnalité physique et morale. »

De plus, il faut clairement distinguer croisement de fichiers nominatifs (dans les banques, les administrations...) et secret médical. La CNIL était effectivement prête à reconsidérer sa position sur les procédures de transmission des données de La Hague, si la demande lui en était faite. Mais personne, pas même la CNIL, ni aucun intérêt scientifique, étatique ou industriel « supérieur », ne peut relever le médecin que je suis du contrat moral que j'ai passé avec ces familles. Il est inquiétant, voire menaçant pour les libertés, qu'on puisse envisager de changer les règles *a posteriori* au gré d'intérêts fluctuants. La CNIL m'a imposé des conditions draconiennes d'enquête au nom du respect de la vie privée, qui soudainement lui apparaît beaucoup moins prioritaire. Qu'auraient dit les parents à mon égard si je les avais trahis ? Quelles pressions auraient-ils alors subies à cause de mon renoncement ? En corollaire, la rupture du lien de confiance envers les épidémiologistes dans leur ensemble aurait durablement empêché toute nouvelle étude dans ce secteur. J'ai résisté aux pressions, et je suis fier d'avoir respecté l'éthique médicale.

Tentons d'élargir la perspective, en vérifiant si la déontologie des épidémiologistes avait déjà été mise à mal dans des conditions analogues. Il ne faut pas remonter bien loin, et cet éclairage se révèle très instructif. En août 1996, Ellen Imbernon, médecin du travail à la division épidémiologie du service général de médecine du travail d'EDF-GDF, est licenciée par son employeur [21]. Cet épisode n'est que l'épilogue d'une longue série de pressions exercées par sa hiérarchie. Il lui est reproché d'avoir refusé d'arrêter les études épidémiologiques en cours (alors qu'elle en avait la responsabilité au vu et au su de la CNIL), et de transmettre les fichiers nominatifs correspondants à son nouveau chef de division. Le conseil de l'Ordre des médecins avait pourtant estimé auparavant qu'Ellen Imbernon devait pouvoir continuer ses recherches, position confortée par la CNIL. Petit détail : Ellen Imbernon étudiait les risques découlant de l'exposition à l'amiante... A cette occasion, l'Association des épidémiologistes de langue française (ADELF) avait rappelé le respect absolu du secret médical et professionnel. « La loi du 1er juillet 1994, qui complète la loi Informatique et Libertés, fixe avec précision les conditions dans lesquelles des données nominatives couvertes par le secret médical peuvent être recueillies et analysées par des études épidémiologiques. Elle interdit formellement, sous peine de sanctions pénales, à la personne désignée pour assurer la responsabilité des données de transmettre celles-ci à des personnes explicitement non autorisées [22]. »

Revenons aux enfants leucémiques, les grands oubliés de cette tourmente. Ce n'étaient pas eux les victimes pour les élus locaux, mais le Nord-Cotentin lui-même, selon un processus qui a beaucoup à voir avec celui de la recherche d'un bouc émissaire.

---

21. Erwan Higuinen, « EDF remercie deux chercheurs », *Libération*, 3 septembre 1996, p. 12.
22. Bulletin de l'ADELF, n° 7, novembre 1996.

IV

Diabolisation

13

Coupable, forcément coupable

Ad hominem

Si les réactions s'étaient cantonnées aux deux cercles de la controverse scientifique et des critiques « périphériques », le débat autour de La Hague n'aurait constitué qu'un des épisodes qui émaillent régulièrement le cours d'une société. Tout au plus aurait-on perçu quelques écarts de langage dans le feu de l'action, vite oubliés, la raison l'emportant. C'était compter sans la dimension « sacrée » (dans toutes les acceptions de ce qualificatif), de l'énergie nucléaire en France. On ne touche pas impunément à un tabou. D'où l'apparition d'une troisième onde de choc : les attaques *ad hominem*.

La virulence des attaques personnelles que j'ai subies a profondément modifié ma perception de la vie. Comme elles ont surtout émané des élus du Nord-Cotentin, j'imaginais encore récemment que cette violence dialectique, ces intentions délibérées de blesser étaient propres au débat politique. J'en suis beaucoup moins persuadé aujourd'hui après avoir confronté ce point de vue avec d'autres élus à responsabilités nationales. Il y aurait bien une spécificité nucléaire, annihilant le clivage droite-gauche traditionnel, et durcissant le discours.

Ma personne était donc visée, et la violence des flèches qui m'étaient décochées, extraordinaire. Soit. Mais le plus déstabilisant résidait dans la nature de l'arc d'où partaient les traits. A une exception [1] près, je n'ai jamais reçu ni lettre, ni appel téléphonique d'un député, sénateur, maire, président de district, préfet, président du conseil général de la Manche, du conseil régional de Basse-Normandie, de la communauté urbaine de Cherbourg, du comité local de l'office du tourisme, du comité régional des pêches... qui pourtant se répandaient à longueur de colonnes dans la presse locale. Je prenais connaissance incidemment, souvent des semaines après, des déclarations, motions, exigences, convocations et autres menaces de procès qui m'étaient lancées comme autant de défis. Et encore ces informations étaient-elles transcrites sur un support, car de nombreuses rumeurs ou prises de position orales m'ont été rapportées indirectement. Noms d'oiseaux, propos diffamatoires et insultants en étaient le lot commun. Dans les paragraphes qui suivent, je ne mentionnerai pas le contenu de cette « culture » orale, bien qu'il constitue une part non négligeable du climat délétère qui m'a entouré, car je n'ai pu en vérifier l'authenticité. Il est très difficile de se défendre contre un ennemi invisible et contre des attaques dont on ne connaît pas la teneur.

Procès en satanisme

Il y avait donc cabale, intention de nuire diabolique, conjuration du Malin. Car le diable est antinucléaire (et

1. Lorsque nous avons organisé, Michel Laurent, maire de Beaumont-Hague, et moi-même, les modalités pratiques de mon déplacement pour informer la population locale. Ce projet n'a pas abouti, car une commission se mettait alors en place, à la demande de C. Lepage, ministre de l'Environnement, et il a semblé préférable à son président, le professeur Charles Souleau, que tous ses membres respectent dès cette date un devoir de réserve.

réciproquement). Françoise Zonabend rappelle qu'à « l'époque, dans cette société rurale, l'opinion des curés était écoutée et suivie. Leur prise de position pronucléaire a pesé lourd dans l'acceptation passive par les Hagars de cette usine [2] ». Je ne peux m'empêcher de faire le rapprochement avec les déclarations des responsables locaux du Mouvement des cadres chrétiens et du Centre français du patronat chrétien, qui ont pris très vite parti contre moi : « Peut-on se permettre de distiller des hypothèses, sans preuves étayées, au risque de déstabiliser toute une région, sa population et son économie ? [...] Ceux-là [hommes et femmes du Nord-Cotentin] ont droit au plus élémentaire des respects humains : êtres informés de façon juste et honnête. Ceci nécessite que les relais d'opinion aient à leur disposition des études validées selon les règles admises par l'ensemble de la communauté scientifique. Le droit à l'information est indissociable du droit à la vérité. C'est à ces seules conditions que peuvent s'exercer la citoyenneté et la responsabilité de chacun [3]. » Il y a de nombreux implicites moraux dans cette prise de position. Je n'aurai donc été ni juste, ni honnête, ni citoyen, ni scientifique.... La vérité ne peut pas être de mon côté. « Gens du Cotentin, n'ayez pas peur », renchérit avec des accents bibliques Anne Heinis, sénateur de la Manche [4]. Un nouvel épisode des relations tumultueuses entre science et religion se joue dans ce microcosme. Ma conception de la citoyenneté est républicaine, participative, et en aucun cas divine ou apostolique. Et je crois que, pour les enfants leucémiques, le « droit au plus élémentaire des respects humains » est aussi de rechercher l'origine de leur maladie.

Le diable ne pouvait donc que prendre mes traits. Chercheur isolé, n'appartenant pas à un prestigieux organisme de recherche, j'étais tout désigné. La diabolisation satisfait « le besoin de personnalisation des événements qui est

2. Françoise ZONABEND, *La Presqu'île au nucléaire*, *op. cit.*, p. 40.
3. *La Presse de la Manche*, 15 janvier 1997, p. 2.
4. *La Manche libre*, 4-10 août 1997.

trop souvent au cœur de la démarche journalistique [...]. La diabolisation tend intrinsèquement à nous faire croire qu'éradiquer le mal sera non seulement facile – son visage est clairement identifié –, ce qui est vrai, mais que l'entreprise sera suffisante – sa suppression écartera tout danger –, ce qui est faux [5] ». Il fallait donc m'individualiser, puis me discréditer pour, le principe des vases communicants aidant, augmenter le crédit de l'industrie nucléaire. Dès la sortie de mon article, le docteur J.-M. Gelas identifie très vite la cible à abattre. « M. Viel se livre une fois de plus à son exercice favori, qui consiste à tenter d'attirer l'attention des médias par des conclusions faussement alarmistes [...]. On peut légitimement y voir une volonté délibérée d'inquiéter les populations à partir de raisonnements parfaitement contestables [6]. » Les Tables de la Loi et de la Vérité sont encore écrites par la Cogema. Selon M. Gelas, je suis donc un arriviste peu fréquentable, dont l'ego surdimensionné s'épand aux dépens d'une industrie vertueuse.

Le Canard enchaîné retournera l'argument avec malice. « N'empêche que la vie est dure, pour les nucléocrates. Car eux seuls sont rationnels, et, cela étant, ont toujours raison : c'est ainsi qu'ils ont toujours affirmé que le centre nucléaire de La Hague était parfaitement inoffensif. Le chercheur qui vient d'établir la corrélation entre un taux anormalement élevé de leucémies infantiles et la fréquentation des plages à proximité du centre nucléaire de La Hague, et Corinne Lepage, ministre de l'Environnement, qui vient de commander une étude épidémiologique visant à en vérifier la validité, ont donc forcément tort [7]. »

Dans un procès en satanisme, on m'a attribué des pouvoirs quasi surnaturels. Le lundi 13 janvier 1997 à 7 heures, le *Pacific Teal*, cargo anglais, quitte le port de Cherbourg. Destination le Japon par le cap de Bonne-Espérance. La cargaison est constituée de 16 tonnes de

5. Aquilino Morelle, *La Défaite de la santé publique*, Flammarion, Paris, 1996, p. 205.
6. *Le Quotidien du médecin*, 13 janvier 1997, p. 20.
7. *Le Canard enchaîné*, 29 janvier 1997, p. 5.

déchets radioactifs retraités et vitrifiés à La Hague. La conjonction des préparatifs de ce départ et de la sortie de l'étude sur La Hague a fait que le retentissement médiatique des deux événements a probablement été amplifié, jusqu'à faire la une du journal de 20 heures le 10 janvier sur TF1 : « Vous profitez de l'arrivée à Cherbourg du *Pacific Teal* et de la présence de grands médias pour sortir votre étude. On ne peut pas parler de hasard. C'est un coup médiatique [8] ! », affirme Daniel Lefèvre, président du comité régional des pêches. De la conjonction on passe à la collusion, et je me découvre un pouvoir qui m'effraie. Ne disposant des services d'aucune agence de renseignement, j'ignorais tout de la venue de ce cargo. De plus, j'ai été prévenu de la date de publication de mon article par fax le lundi 6 janvier à 9 h 22. Cela me laissait peu de temps pour tout organiser... Mais la rumeur, totalement irrationnelle, a connu un certain succès dans le Nord-Cotentin.

Bouc émissaire

Normand de souche, j'appartiens toujours d'une certaine façon à cette communauté. J'en devenais ainsi le bouc émissaire idéal, chargé d'emporter les fautes qui souillaient la Cité le plus loin d'elle, expulsé sans retour pour l'en purifier. La façon la plus sûre de s'assurer de mon non-retour était de jeter le discrédit sur mes qualités de chercheur et de scientifique, pour que je subisse l'opprobre de mes pairs et qu'on coupe mes sources de financement. La Cogema et les élus locaux, de concert, n'ont alors cessé de dénoncer ce qui à leurs yeux apparaissait comme une imposture scientifique. Seulement il y avait le *British Medical Journal*. Nous verrons plus loin comment ils ont tenté de le discréditer à son tour.

De plus, dans ce processus, mon rang de professeur représentait un « prix » suffisant pour calmer le prétendu

8. Michel Field, *L'Hebdo*, Canal+, 18 janvier 1997.

courroux du peuple et restaurer l'ordre social mis à mal par la crise, tel l'âne courtisan de la fable de La Fontaine, « Les animaux malades de la peste ».

Du fait du contenu plutôt critique de ma recherche, j'ai subi un rite remontant à l'Antiquité et bien décrit par Isabelle Rieusset-Lemarié. « Ce rite consistait à tuer les porteurs de mauvaises nouvelles. A la lettre, l'émissaire y devient le bouc émissaire. Pourtant, il n'a point de part dans le contenu de ce message qui provoque une telle agressivité chez son destinataire. En toute justice, c'est l'émetteur de ce message qui devrait subir un châtiment, si châtiment il doit y avoir [9]. » Or qui est l'émetteur de ce message ? D'où proviennent les leucémies ? Un épidémiologiste recueille, analyse, publie des faits. Il les « transmet » donc au public et en aucun cas ne les provoque.

Ces réactions de diabolisation ont surtout été le fait des élus locaux et d'un médecin de Beaumont-Hague. J'ai le sentiment qu'à la fois ils n'avaient pas la conscience très tranquille, tout en ne souhaitant pas tuer la vache à lait nucléaire. « La moralisation du phénomène du bouc émissaire tente en effet de masquer l'arbitraire de sa désignation sous le prétexte de sa culpabilité. Elle relève de l'attitude duplice d'une communauté qui cherche à se donner " bonne conscience " – opération d'autant plus nécessaire que ses membres ont " mauvaise conscience ", autrement dit qu'ils vivent sous le règne d'une morale fondée sur la culpabilité [10]. » Mes détracteurs ont fixé le degré de gravité de ma « faute » non pas sur le plan moral mais sur le plan économique. Ma désignation à la vindicte publique a d'autant mieux opéré que l'économie locale était fortement sinistrée, la rendant très dépendante d'une mono-industrie nucléaire. Le bon sens normand recommande pourtant de ne pas mettre « tous ses œufs dans le même panier ». De là à rechercher les responsabilités de ceux qui sont à l'origine de cette dérive...

---

9. Isabelle Rieusset-Lemarié, *Une fin de siècle épidémique*, Actes Sud, Arles, 1992, p. 45.
10. *Ibid.*, p. 50.

Rares sont ceux qui ont tenté de discerner les tenants et aboutissants de ces réactions. Un article dans *La Manche libre* fera exception : « A peine publiés, les travaux ont suscité, dans un climat passionnel, une vague de réactions, allant de la crainte à l'incrédulité et à la colère. Crainte sourde de la population qui ne sait plus qui croire ; *incrédulité, réelle ou feinte, des élus locaux peu disposés à monter au créneau dans cette affaire qui implique la toute-puissante Cogema* ; colère des professionnels du tourisme et des chefs d'entreprise à l'encontre... du professeur Viel, accusé d'être un dangereux irresponsable, peu crédible et sans doute écologiste [11]. »

Un médecin local n'ayant pas participé à l'étude s'est particulièrement distingué par ses propos insultants. « M. Viel a confondu rigueur morale, honnêteté intellectuelle, éthique médicale avec goût du sensationnel et de la médiatisation. Le devoir de réserve qui s'impose à tout médecin semble lui avoir échappé. [...] Décidément ce monsieur nous a enfermés dans un piège machiavélique. [...] Attention à cet outil de travail [les statistiques] qui peut être manipulé très savamment et servir à la démonstration non pas de la vérité mais de ses convictions personnelles [...]. M. Viel, en livrant prématurément à la presse les conclusions d'une étude non validée par la communauté scientifique tout en piétinant sans aucun scrupule l'éthique médicale, a porté un préjudice considérable et injustifié à notre région [12]. » Ce n'est plus le diable, mais Machiavel qui a frappé... Quelle légitimité autorise ce médecin à me décerner le brevet de l'infamie ? J'ai cherché vainement quelques circonstances atténuantes à son auteur.

Le conseil général de la Manche n'est pas en reste. « L'ombre du rapport Viel plane sur la session [13] », selon *La Presse de la Manche* relatant la réunion du 3 février 1997. Son président, Pierre Aguiton, juge que « les appa-

11. *La Manche libre*, 17 janvier 1997 (c'est nous qui soulignons).
12. Propos de Pascal Giroux rapportés par *La Presse de la Manche*, 25 janvier 1997.
13. *La Presse de la Manche*, 4 février 1997.

rentes révélations de M. Jean-François Viel de la faculté de médecine de Besançon ne pouvaient que jeter le trouble dans les esprits et l'on peut dire que sur ce point son objectif a été parfaitement atteint, si on en juge par le déferlement d'évocations de cette publication par les différentes chaînes de télévision [14] ». Rappelons que plus de 63 % du budget annuel du département de la Manche est assuré par les taxes professionnelles de l'industrie nucléaire. Mais cette corrélation ne peut être que fortuite, portant sur trop peu de francs (1,9 milliard), non validée par la communauté scientifique et ne reposant pas sur une hypothèse sérieuse...

Le prix de l'indépendance

La seule défense que je pouvais adopter était de rejeter tout sentiment de culpabilité, ce dernier constituant un rouage essentiel de la mécanique du bouc émissaire. J'avais effectué ce travail avec toute l'honnêteté intellectuelle et la rigueur scientifique qu'on attend d'un chercheur. Mes seuls atouts résidaient et résident toujours dans la caution d'une revue médicale de premier niveau mondial, et dans ma totale indépendance. Universitaire, et donc rémunéré par l'État pour conduire des recherches, je n'appartiens à aucun parti politique ou syndicat et j'ai veillé à ce que tous mes financements soient publics. Une question lancinante occupait les esprits de mes détracteurs : pour qui roule-t-il ? Jean Tardif, conseiller général de Saint-Sauveur-le-Vicomte, a souhaité que l'enquête soit combattue par « la recherche des motivations de cette étude [15] ». Jean-Pierre Laurent, directeur de l'environnement et du contrôle de sécurité à l'usine de La Hague lui répond sans ambages : « Viel est un militant antinucléaire [16]. »

Ne faisant pas mien le sentiment de culpabilité, je ne me suis évidemment pas rétracté et j'ai au contraire contre-

14. *La Presse de la Manche*, 4 février 1997.
15. Propos rapportés par *La Manche libre*, 9 février 1997.
16. « Viel is an anti-nuclear campaigner », *The European*, 30 janvier-5 février 1997, p. 4.

attaqué, retournant les arguments de mes accusateurs. Quelques journalistes s'en sont étonnés auprès de moi. J'ai aussi décidé d'aller au-devant de l'opinion, en participant par exemple à l'émission en direct de Michel Field, *L'Hebdo* sur Canal+, le 18 janvier 1997. Le duplex avec Cherbourg a eu le mérite de me faire connaître sans fard les réactions locales : l'irrationalité de certaines ne remettait pas en cause la nécessité de leur émergence.

La prise de parole publique, garante d'une certaine indépendance, peut se révéler délétère pour le chercheur téméraire qui s'y aventure. Considérée comme narcissique, toute manifestation de ce type est honnie par la communauté scientifique. Seule se reconnaît ce droit une supra-élite, plutôt parisienne et institutionnelle. Une anecdote me paraît très révélatrice à cet égard. Tout contrat de recherche s'accompagne, et c'est une règle démocratique à maintenir, d'un rapport final scientifique et financier. Il faut en effet justifier la destination et l'efficacité des sommes investies. L'université de Franche-Comté, gestionnaire de la subvention, s'est portée garante de la régularité des dépenses effectuées. J'ai rédigé pour ma part le compte rendu de ma recherche, que l'INSERM a évalué lors de sa session de printemps 1997. Chaque membre de la commission scientifique spécialisée n° 11 a attribué une note de 1 à 4, pour parvenir à la note finale de 2,23. Inférieure à la moyenne arithmétique (2,5) malgré la publication dans le *BMJ*, je considère ce bilan comme un désaveu. Je n'ai reçu aucun argument portant sur la qualité intrinsèque de mon étude. Pour seule justification était joint un « texte de séance » : « La commission scientifique spécialisée n° 11 attire l'attention sur le fait que les résultats des recherches menées dans les laboratoires de l'INSERM ou financées par l'INSERM ne devraient être diffusés dans les médias grand public que dans le cadre d'une concertation avec le service de presse de l'INSERM. » Je note qu'il n'était pas fait mention de cette obligation dans le contrat qui me liait à l'INSERM et qu'elle ne m'a jamais été transmise même oralement. Établie *a posteriori*, elle semble bel et bien devoir s'exercer à titre rétroactif...

Je ne regrette pas d'avoir tenté de vulgariser une certaine connaissance, considérant que c'était la seule façon de faire entendre une voix minoritaire. Je revendique comme Edward Saïd le droit à la pensée alternative, quel qu'en soit le prix. « Pour maintenir une relative indépendance intellectuelle, mieux vaut [...] préférer le risque et l'incertitude dans le domaine public – une conférence, un livre, un article à diffusion large et sans restriction – à l'espace cloisonné et contrôlé par les experts et les professionnels [17]. »

Haro sur l'Anglois !

La Normandie a toujours entretenu des relations tumultueuses avec l'Angleterre et l'on peut faire remonter cette histoire commune au XIe siècle. Issus de Vikings, les ducs de Normandie assurent le rayonnement dont fait preuve cette région dans l'Europe médiévale. Tout Normand a une perception très vive de cet âge d'or (du Xe au XIIe siècle), à l'avant-garde de la littérature (dans ses abbayes), de l'art (roman) et du droit (coutume de Normandie, toujours en vigueur dans les îles Anglo-Normandes). Guillaume le Conquérant en est le héros incontesté. Après avoir reconstruit l'État normand divisé, il conquiert définitivement l'Angleterre à la bataille de Hastings le 14 octobre 1066, pour être couronné roi d'Angleterre quelques mois après. Jusqu'en 1204, la Normandie et l'Angleterre forment une communauté politique et marchande qu'on qualifie d'État anglo-normand. Ensuite, elle tombe aux mains des Capétiens, ce qui pousse sa classe dirigeante à émigrer en Angleterre, et interrompt durablement les liens trans-Manche.

La guerre de Cent Ans voit s'installer un climat de grande insécurité avec plusieurs expéditions menées par

17. Edward SAÏD, *Des intellectuels et du pouvoir*, Seuil, Paris, 1996, p. 103.

les Anglais à partir de ports normands. En 1417, ils débarquent à Touques, conquièrent la Normandie et y installent un dur régime d'occupation (c'est ainsi que le procès de Jeanne d'Arc peut se tenir en 1431 à Rouen). Charles VII reprend la Normandie en particulier grâce à la victoire de Formigny (14 avril 1450), non loin de Bayeux. « Haro sur l'Anglois ! » lançait-on en vieux français.

Par la suite, le Cotentin n'est plus occupé et Cherbourg connaît un essor certain, grâce à son port de guerre, dont l'intérêt stratégique se renforce au gré des tensions franco-anglaises. Le retour des Britanniques sur le sol normand s'effectue beaucoup plus tard, cette fois-ci en tant que libérateurs, en 1944.

Il n'en reste pas moins que cette histoire commune a laissé de profondes traces dans les esprits normands, où l'exacerbation des nationalismes questionne la communauté d'intérêts économiques dans une Europe en marche.

« Pourquoi votre étude a-t-elle été publiée en Angleterre et pas en France [18] ? », m'a-t-on souvent reproché. Cette question distille une certaine perfidie. L'Anglais étant toujours l'ennemi héréditaire dans la conscience collective, j'en étais devenu l'allié objectif, et donc un ennemi intérieur, traître à sa patrie, cinquième colonne à lui tout seul. Docteur Faust, je ne méritais que le mépris. Pour satisfaire la démesure de mes ambitions, j'avais vendu mon âme à un Méphistophélès anglican, au prix dérisoire de six pages de papier imprimé. « Honni soit qui mal y pense » (honte à celui qui y voit du mal) aurais-je pu répondre, empruntant la devise de la reine d'Angleterre.

Et pourquoi pas en France ? Les experts franco-français, eux, auraient réussi à éviter la publication de nouvelles aussi mensongères. Ils n'auraient pas manqué de les diffuser, en toute confidentialité bien sûr, auprès de qui de droit. Tel est l'autre implicite que je crois discerner dans cette question. C'est évidemment oublier que la recherche est un monde de compétition féroce où la moindre fuite peut compromettre des années d'efforts, et où la qualité se

18. Michel Field, *L'Hebdo*, Canal+, 18 janvier 1997.

mesure à l'aune du prestige des revues. Dans ce domaine, comme dans d'autres, le *BMJ* surclasse toutes les revues françaises.

C'était donc un coup des Anglais et les explications avancées ne manquaient pas. Le *BMJ* voulait faire parler de lui en soutenant un thème dont il n'ignorait pas les retombées médiatiques potentielles. L'industrie nucléaire britannique souhaitait récupérer les contrats de retraitement de combustibles irradiés étrangers, qui ne manqueraient pas d'être rompus après ces révélations. Elle voulait aussi détourner l'attention de la fosse des Casquets, où elle avait déversé des milliers de tonnes de résidus nucléaires jusqu'en 1963 (fosse située en territoire britannique, faut-il le rappeler), etc.

Le délit de désinformation

Pour aller jusqu'au bout de la diabolisation, il fallait l'ancrer dans une dimension sacrée, un lieu symbolique. Quoi de plus solennel qu'un prétoire pour laver publiquement l'affront subi par la communauté ?

Pierre Aguiton se fait mandater le 3 février 1997 par le conseil général de la Manche pour le représenter, en tant que président, devant les juridictions compétentes et engager à mon encontre toute instance judiciaire utile. Il saisit également le conseil national de l'Ordre des médecins et l'Académie nationale de médecine, mais ne me prévient pas. Cette menace me parviendra par la presse et par le professeur Glorion, président du conseil de l'Ordre. Le motif avancé est que « le préjudice que cause à la Manche la publication en Angleterre de cette étude est considérable [19] ». Un motif soit, mais un délit ? Quel manquement à quelle obligation ? Le phénomène de bouc émissaire joue à plein. On m'attribue un peu vite la chute du prix du poisson à la criée, la baisse annoncée des locations saisonnières, la diminution de la fréquentation des restaurants,

19. *La Manche libre*, 9 février 1997.

etc. Et pourquoi ne pas l'attribuer en amont à l'industrie nucléaire ?

Une autre intimidation suivra un chemin encore plus détourné. Craig Whitney, journaliste au *New York Times*, me fait part par téléphone, puis dans son article [20], du désir de Michel Laurent, maire de Beaumont-Hague, d'en découdre devant une cour de justice. Toujours pour demander réparation du manque à gagner économique. On me prévient à peu près au même moment qu'une autre municipalité de la région s'apprêterait à faire de même.

Je tombe ensuite, par hasard, sur un article antérieur, au titre péremptoire : « Cotentin : tourisme sinistré », dans l'hebdomadaire *Le Point*. J'y apprends, sous la plume de Jean-Marie Hosatte, que « les élus locaux pensent que la solution consiste à engager des poursuites contre Greenpeace et le professeur Viel, en espérant que le " délit de désinformation " sera reconnu et sanctionné par les tribunaux [21] ».

Le 4 septembre, *Libération* fait le bilan de la saison touristique à La Hague. « Les touristes continuent d'affluer à La Hague, devenue un lieu de villégiature en vogue du département de la Manche. [...] Les comparaisons laissent rêveur : pour le seul mois de mai, le nombre de touristes a été multiplié par 10 par rapport à mai 1996 et par 50 par rapport à mai 1995 [22]. » Sans commentaire...

Ces menaces ne se sont jamais concrétisées. Les élus n'avaient fait qu'agiter le chiffon rouge. Dans l'intervalle, j'avais demandé et obtenu le bénéfice de la protection juridique des fonctionnaires, le recteur de l'Académie de Besançon et le président de l'université de Franche-Comté m'assurant d'un soutien sans faille. J'étais et je reste prêt à toute éventualité.

---

20. Craig Witney, « On Normandy's coast, an image disaster, or the nuclear kind ? », *New York Times*, 8 août 1997.
21. Jean-Marie Hosatte, « Cotentin : tourisme sinistré », *Le Point*, 19 juillet 1997, p. 56.
22. Anonyme, « La Hague, lieu de villégiature », *Libération*, 4 septembre 1997, p. 13.

14

La présomption d'innocence malgré tout

Une métaphore, due à Alexander Dorozynsky, journaliste médical à Paris, éclaire bien la violence des réactions nucléaires que je viens d'évoquer. « La réponse de l' " establishment " français à la publication d'une étude reliant les leucémies de l'enfant à l'exposition environnementale de déchets en provenance d'une usine de retraitement nucléaire en Normandie a été celle d'une réaction immunologique : elle a été très rapide et a tenté de rejeter un corps étranger qui perturbait une de ses fonctions [1]. »

Le combat (et non pas le débat qui aurait dû s'établir) était si déséquilibré qu'une réaction citoyenne se fit jour. J'ai reçu à cette époque de nombreux témoignages d'encouragement, qui tous pouvaient se résumer en deux mots : « Tenez bon... »

Et j'ai tenu en partie grâce à ce soutien anonyme, spontané et chaleureux. Ayant subi les affres de la déstabilisation publique, je me suis promis d'exprimer dans l'avenir

1. Alexander Dorozynsky, « French angst over nuclear power », *British Medical Journal*, 18 janvier 1997, p. 235.

une marque de sympathie à ceux qui passeront par les mêmes épreuves.

Le ministère de l'Environnement garde le cap

Très vite, le ministre de l'Environnement, Corinne Lepage, trouve les propos justes et responsables qu'on attend d'un décideur dans ces occasions. « Il faut se garder d'être alarmiste, et d'extrapoler les résultats, mais la question posée par M. Viel est sérieuse et souligne la nécessité de mener des études épidémiologiques plus approfondies autour de La Hague [2]. » Il n'y avait pas dans ce contexte d'urgence sanitaire *stricto sensu*, mais la préservation de l'intégrité du vivant devenait manifestement une question centrale. L'urgence concernait en revanche l'incertitude, qui engendre la peur et mène elle-même à la déraison. Alors que jusqu'à présent avaient prévalu l'occultation de l'hypothèse du pire et la cécité à l'égard des premiers signaux, C. Lepage et son cabinet adoptent la seule attitude qui sied à cette situation : « Décider dans un contexte d'incertitude radicale, afin de faire face à un risque impalpable et qu'il faut cependant maîtriser, sans le renfort et la réassurance que procure l'existence d'une preuve. Décider revient alors à anticiper *le pire* et à le considérer, par principe, comme possible ; ensuite, à apprécier correctement à la fois la probabilité de survenue et les conséquences prévisibles de ce mal extrême ; enfin, à prendre les mesures de protection qui s'imposent [3]. » Le silence du secrétariat d'État à la Santé sur un fait qui relevait aussi de sa compétence n'en apparaît que plus éloquent. Dès le 13 février 1997, le ministre de l'Environnement évoque une réduction de l'exposition : « Les autorisations de rejets des centrales existantes, et notamment celle de l'usine de retraitement de La Hague, seront progressivement revues à la

2. *Le Monde*, 11 janvier 1997, p. 25.
3. Aquilino Morelle, *La Défaite de la santé publique*, Flammarion, Paris, 1996, p. 377-378 (c'est l'auteur qui souligne).

baisse, après étude au cas par cas des possibilités techniques. [...] Nous sommes en train de regarder plus précisément le cas de l'usine de La Hague et de ses rejets autorisés de manière à déterminer le bon calendrier, que je souhaite le plus rapide possible, pour cette révision [4]. »

Les journalistes ont cherché dans le passé professionnel de C. Lepage des explications rationnelles à sa prise de position. Auparavant avocate d'associations luttant aussi bien à Creys-Malville qu'à La Hague, elle reviendrait à ses « premières amours ». Si cela lui a sans doute apporté une indéniable expertise technique associée à une conviction profonde de la pertinence du principe de précaution, c'est oublier un peu vite qu'un avocat n'est pas censé épouser la cause de ceux qu'il défend. J'imagine que, comme un scientifique, il peut exercer son métier uniquement par idéal citoyen. Je n'ai jamais rencontré C. Lepage, mais je me hasarderai à une autre explication. Et si c'était simplement parce que femme elle est restée, dans ces lieux de pouvoir ? Plus que les hommes, les femmes se préoccupent de l'humanité dans sa durée, et du droit des générations futures en apportant un supplément d'âme. La force morale dont elles font preuve, et que je leur envie, leur permet de refuser tout conformisme réducteur et guerrier, s'il leur paraît menacer le monde en devenir. Nous verrons plus loin que d'autres femmes ont aussi relevé la tête.

Le ministère de l'Environnement et le secrétariat d'État à la Santé mettent en place rapidement un comité scientifique chargé d'une nouvelle étude épidémiologique dans le Nord-Cotentin. Il est dirigé par le professeur Charles Souleau, président de la commission environnement du Comité d'hygiène et de santé publique. La lettre de mission adressée à son président est très explicite : « Cette nouvelle étude épidémiologique complète concernant les leucémies sera suivie par votre comité qui en définira le cahier des charges, qui choisira les chercheurs qui seront en charge de l'étude, qui assurera le suivi scientifique des travaux menés, qui validera les résultats. [...] Nous atta-

4. *La Presse de la Manche*, jeudi 13 février 1997, p. 6.

chons du prix à ce que vous puissiez, dès juin 1997, nous faire un point sur l'état d'avancement de vos travaux et les premiers résultats auxquels vous pourriez parvenir. »

J'ai accepté de faire partie de ce comité pour cette mission précise qui répondait à mes attentes. Devant le courage politique du ministre [5], je ne pouvais me dérober. J'aurais *a priori* refusé si ce comité avait eu pour objet d'expertiser mon travail, non pas parce que je suis opposé au principe de l'évaluation mais parce que j'aurais été juge et partie, dans une situation mentalement et déontologiquement intenable. Bien que C. Lepage ait été sans ambiguïté – « L'objectif est d'apporter un certain nombre d'éléments le plus rapidement possible, mais l'étude prendra évidemment plus de temps. Il ne s'agit pas d'entreprendre une analyse critique des résultats du Pr Viel mais bien de réaliser une étude complète [6] » –, certains relais d'opinion et élus normands auraient aimé que ce comité ait pour unique but de valider (ou plutôt d'invalider) mon étude. C'est ainsi par exemple que, le 22 janvier 1997, Sophie Auvigné, journaliste à Radio France-Normandie-Caen, souhaite recueillir par téléphone mes réactions sur le fait que je sois nommé dans une commission censée à ses yeux juger mon travail. Le seul commentaire que je m'autorise est de lui recommander de contacter directement le commanditaire qui m'a désigné. Elle insiste et, après un bref intermède avec un autre journaliste, elle reprend l'entretien. La qualité du son a changé... je suis enregistré sans en être prévenu, au mépris de l'idée que je me fais de l'éthique journalistique. M'en étonnant avec force, elle feint l'innocence et, devant mon refus de formuler un commentaire, raccroche sèchement.

Après la commission Turpin sur le Centre de stockage de déchets radioactifs de la Manche, et la commission Castaing sur le surgénérateur Superphénix, la commission Souleau doit trouver ses marques pour répondre aux

5. Courage politique qui à cette même période se manifestait aussi sous d'autres formes : demande d'enquête d'utilité publique avant le redémarrage de Superphénix, indépendance accrue de l'Institut de protection et de sûreté nucléaire (IPSN)...

6. Propos recueillis par Édouard Launet, *Libération*, 22 janvier 1997, p. 11.

attentes des décideurs et de l'opinion dans un délai très court. Le défi à relever, de taille, réclame une volonté, une efficacité et une organisation maximales. Respectant le devoir de réserve qui s'applique à tous ses membres, je n'entrerai pas dans le détail des âpres discussions, des lignes de partage, de la pertinence des orientations, des négociations vespérales, des ruptures évitées...

Fidèle Albion

Le *BMJ* s'est lui aussi trouvé sous le feu croisé des critiques. Je sais gré à Richard Smith de s'être comporté en gentleman et d'avoir sans défaillance honoré son rang de rédacteur en chef. Devant les attaques dont la virulence l'étonnait, il a d'abord réagi dans un éditorial : « La télévision a inauguré le débat britannique sur la question de savoir si les installations nucléaires causent des leucémies, mais les médias français ont malmené un article paru dans le *BMJ* de la semaine dernière, qui suggérait qu'un agrégat spatial de leucémies autour d'une installation nucléaire française pouvait être causé par une contamination environnementale. [...] La France tire 80 % de son électricité de l'énergie nucléaire. Alexander Dorozynsky décrit [...] comment l'INSERM [...] a diffusé un communiqué de presse mettant en doute la qualité de l'étude. Jacqueline Clavel, auteur du communiqué de presse, a également suggéré que “ le *BMJ* publie des articles scientifiquement douteux parce que la polémique les intéresse. Il est possible qu'ils aient voulu lancer le débat en Grande-Bretagne ”. Il est clair qu'elle n'a pas jeté un coup d'œil vers l'autre côté de la Manche durant ces dix dernières années [7]. »

Comme je l'ai dit, j'avais à cette époque un contact quasi quotidien avec Linda Millington, l'attachée de presse du *BMJ*, pour gérer au mieux la crise. Le climat français continuait à s'envenimer sous leurs regards attris-

7. Richard Smith, « Television can help medicine, » *British Medical Journal*, 18 janvier 1997.

tés. Richard Smith m'écrit le 20 janvier : « Il serait dommage que ce débat scientifique sérieux et important dégénère en une prise de bec franco-anglaise. Je pensais que tout cela avait disparu à l'époque d'Éric Cantona. » Ce même jour, il déroge à une règle absolue pour me venir en aide. Il adresse une lettre à *Libération* et au *Monde*, prenant clairement position sur la qualité de l'article, mais surtout révélant le nombre et la qualité des experts qui l'ont validé. Le 21 janvier, je reçois un appel de Jean-Yves Nau du *Monde*, qui a bien reçu ce courrier et me demande quelques compléments d'information. J'appelle ensuite Nathalie Levisalles, pour m'enquérir de l'arrivée de la lettre destinée à *Libération*. Elle n'avait alors rien reçu de son rédacteur en chef. L'entretien est une fois de plus très tendu, à frottement dur. Possédant une version du courrier britannique reçue par Internet, je la lui adresse par fax. Nathalie Levisalles n'en rapportera pas un seul mot dans les colonnes de *Libération*... Une fois encore, une partie de l'information rapportée dans ce journal est unilatérale. Également vice-présidente du Conseil supérieur de la sûreté et de l'information nucléaire (CSSIN), Dominique Leglu, chef du service scientifique, représente pourtant *a priori* une garantie de pluralisme.

J.-Y. Nau, pour sa part, s'est déplacé à Londres et rapporte le soutien du *BMJ*, sous la forme d'un extrait de la lettre de Richard Smith. « Je suis impressionné par la façon dont les médias ont discuté les questions épidémiologiques complexes qui se posent inévitablement lors d'une telle recherche, mais je suis désolé par les atteintes portées à Jean-François Viel et ses collaborateurs. Je crains que les médias français ne soient trop influencés par la grande dépendance de la France à l'égard de l'énergie nucléaire pour produire de l'électricité. La Grande-Bretagne connaît un débat scientifique et politique intense sur les leucémies autour des installations nucléaires depuis une dizaine d'années. [...] Le *BMJ* a publié sur ce sujet plus d'articles importants que n'importe quel autre journal dans le monde [...]. L'article de M. Viel a été revu et commenté non seulement par un professeur d'épidémiologie ayant une expérience spécifique sur les leucémies dans ce contexte, mais aussi par un statisticien et quatre médecins méthodologistes [8]. »

Les mères en colère

Comme les mères de la place de Mai à Buenos Aires depuis 1977, comme à Sarejevo, comme en Corse, comme..., les mères du Nord-Cotentin ont un jour su dire NON. Bravant les réprobations machistes, industrielles ou politiques (ou les trois à la fois), elles ont décidé de refuser la duplicité pour s'engager dans le cercle vertueux de la lumière. Lumière sur la nature des déchets nucléaires, sur leurs effets sanitaires.

Tout est parti de la cour de l'école de Fermanville, lieu de vie, d'acquisition du savoir et de formation des citoyens par essence. Dans une lettre ouverte au ministre de l'Environnement datée du 28 janvier 1997, « des mères de famille inquiètes des conclusions de cette étude, irritées par l'absence de données complètes et objectives quant à l'influence du rejet des particules radioactives dans l'atmosphère et dans l'environnement marin, ont décidé de se réunir dans un collectif des mères en colère. Après les affaires du sang contaminé, de l'amiante, de la vache folle, des hormones de croissance, faut-il un nouveau scandale de santé publique touchant à la vie de nos enfants pour réagir ? Nous ne pouvons plus nous contenter de propos rassurants, lénifiants et parcellaires. »

L'opinion publique, les médias locaux et nationaux saluent leur courage d'une belle unanimité. Le 3 février 1997, Corinne Lepage les reçoit lors de sa visite à Cherbourg ; à la mi-avril, elles ont déjà recueilli 2 500 signatures.

A l'écoute de la communauté, elles ont discerné avec finesse une attente encore orpheline d'une médiation pour

8. Propos rapportés par Jean-Yves NAU, *Le Monde*, 23 janvier 1997, p. 25.

éclore. Ce furent elles. Leur constat et leur demande d'informations sont, il est vrai, frappés au coin du bon sens. « Il est inconcevable et irresponsable que depuis trente ans aucune étude épidémiologique n'ait été effectuée. Le collectif des mères en colère demande donc [...] des études complémentaires et indépendantes [...] afin d'évaluer le mode d'intégration des radionucléides par l'écosystème côtier et les voies de transfert dans les chaînes alimentaires [...]; une étude épidémiologique complète avec cartographie des cancers et de l'ensemble des maladies radio-induites [...]; un inventaire précis de la quantité, de l'état et de la durée de vie des 17 000 tonnes de déchets nucléaires britanniques et belges immergés dans la fosse des Casquets [...]; [la localisation] des déchets produits par le CEA avant la création du Centre de stockage de la Manche [...]; la publication et l'interprétation des campagnes d'analyses de sédiments et d'organismes marins. »

Tout est dit avec l'intelligence du cœur. A l'heure où le patronat se plaint d'un syndicalisme insuffisamment fort pour négocier, où les conseils d'administration des hôpitaux recherchent l'usager mythique pour y siéger, les « mères en colère », représentant au moins une vérité locale structurée, auraient pu être associées aux travaux de la commission Souleau. Elles en avaient d'ailleurs fait la demande. « Nous voulions suivre les études effectuées par la commission d'enquête récemment nommée. Mais nous n'avons pas obtenu le droit d'assister aux travaux du collège d'experts. On se sent exclues [9] », déclare Nathalie Bonnemains-Geismar, porte-parole du collectif. Une occasion de réinventer les rapports entre science et démocratie, entre experts et citoyens, nous a peut-être échappé à cet instant. « On n'exige pas des citoyens un brevet de théorie constitutionnelle avant de les laisser voter, ni des jurés de cour d'assises un certificat d'aptitude au droit criminel avant de les consulter. Pourquoi faudrait-il être plus savant en physique qu'en politique pour pouvoir donner son avis

9. Propos recueillis par Yves Fossey, *Le Parisien*, 4 février 1997.

sur la construction d'une centrale nucléaire, en biologie qu'en droit pour se prononcer sur un programme industriel de génie génétique [10] ? »

Bien sûr les « mères en colère » dérangent, en particulier Michel Laurent, maire de Beaumont-Hague, qui remet très vite en cause l'objectif premier de leur collectif. Pourtant un nouvel événement renforce leur détermination. Dans un communiqué de presse du 19 mars 1997, elles annoncent qu'elles « viennent crier leur inquiétude et leur mécontentement aux portes de l'usine de retraitement de combustibles irradiés de Cogema-La Hague. Les récentes mesures radiologiques effectuées dans l'anse des Moulinets par le laboratoire indépendant CRII-Rad montrent un très fort taux d'irradiation au contact et à proximité de l'émissaire qui transporte les effluents liquides rejetés en mer de la Manche par l'usine de La Hague. Outre le fait que depuis près de trente ans nous avons pu avec nos enfants fréquenter cet endroit, nous y baigner et ramasser des coquillages sans qu'aucune information ne soit donnée par la Cogema sur les risques encourus, le niveau d'irradiation mesuré au contact extérieur de la canalisation donne une idée de la quantité colossale de radioactivité contenue dans les effluents rejetés en permanence dans la mer de la Manche. » Ce même jour, elles organisent avec leurs enfants une manifestation-goûter. Tracts, gâteaux, ballons de baudruche, calicots sont de la fête devant l'entrée de la Cogema pour réclamer une information objective et transparente.

Je reste admiratif de ces femmes d'horizons divers qui ont investi l'agora (plutôt réservée aux hommes en France), surmonté leurs différences et leurs réticences pour clamer leur courroux citoyen.

---

10. Jean-Marc Lévy-Leblond, *La Pierre de touche. La science à l'épreuve...*, Gallimard, Paris, 1996, p. 56-57.

Le réveil citoyen

Un certain reflux des critiques se fait jour, d'abord en provenance de ceux qui ont été à la pointe de l'attaque. J. Clavel qui, bien que maintenant ses réserves, fait son *mea culpa* en déclarant : « La rédaction en chef de cet hebdomadaire [le *BMJ*] nous ayant informés qu'une relecture spécialisée avait été faite avant d'accepter la publication, je regrette d'avoir formulé trop vite à la presse française des critiques. J'aurais dû, en toute rigueur, adresser ces dernières, en priorité, à cette revue [11]. » Un tel *mea culpa* est exceptionnel dans la presse car il implique peu ou prou le journaliste qui a recueilli les propos d'origine.

Invité de *Bouillon de culture*, l'émission de Bernard Pivot sur France 2, le 31 janvier 1997, Georges Charpak tente de se dérober et de minimiser les propos qu'il avait tenus à *L'Est républicain*, en accusant les journalistes d'exagération. La réaction de *L'Est républicain* est sans équivoque : « Nous tenons à la disposition du prix Nobel de physique la bande magnétique dans laquelle il qualifie de " pure escroquerie " l'étude épidémiologique effectuée à La Hague par le professeur Jean-François Viel de Besançon et commente par la phrase " Je leur aurais dit : allez-vous faire cuire un œuf ", la création par Corinne Lepage d'une commission d'enquête [12]. »

Le conseiller général de la Manche Philippe Lebresne estime pour sa part que « si le professeur Viel n'a pas apporté la preuve de ce qu'il avance, on n'a pas non plus prouvé le contraire. On paie aujourd'hui le résultat de l'absence totale de transparence, pendant des années autour du nucléaire [13] ». Le Dr Collignon résume, d'après *La Manche libre*, un sentiment général : « Si les pouvoirs publics avaient eu une attitude raisonnable, s'ils avaient mis en place un registre des cancers dès 1965 au moment

---

11. Propos rapportés par Jean-Yves NAU, *Le Monde*, 23 janvier 1997, p. 25.
12. *L'Est républicain*, 4 février 1997.
13. *Ouest-France*, 4 février 1997.

du démarrage de Cogema-La Hague, ou même en 1986, nous aurions aujourd'hui des chiffres fiables qui nous permettraient de tirer des conclusions sûres [14]. »

Des guetteurs attentifs de la société s'expriment enfin. Yves Dupont, professeur de sociologie à l'université de Caen, analyse dans un courrier aux lecteurs les ressorts sociaux de l'affaire : « Le déni de réalité qui caractérise les interventions indignées de certains élus de la Manche et de Basse-Normandie dès que s'ouvre la moindre brèche dans la méthode Coué qui semble leur servir d'exutoire est à cet égard proportionnel à leur sentiment d'impuissance [15]. » Il m'apporte un soutien universitaire qui avait été bien chiche jusqu'alors : « Pour moi, le professeur Jean-François Viel est parfaitement digne de confiance et ni l'invective ni le recours à la technique éculée du soupçon ne me feront changer d'avis [16]. » D'autres lecteurs prennent aussi la parole dans la presse locale pendant les semaines qui suivent la publication de l'enquête pour regretter la diabolisation en marche.

Quelques démarches journalistiques, cherchant à expliquer la logique d'enjeux sociaux contradictoires, arrivent ensuite à leur terme. Véronique Maurus, journaliste économique au *Monde*, consacre trois mois d'investigation sur le terrain, recueille les témoignages d'une soixantaine d'interlocuteurs, et réactive ses connaissances du dossier nucléaire qu'elle avait suivi puis abandonné il y a une dizaine d'années. *Le Monde* consacre deux pleines pages à son enquête, ce qui est plutôt inhabituel dans ce journal [17]. Touche par touche, comme un peintre impressionniste, elle dresse un tableau qui à la fin atteint une cohérence d'ensemble : « La question n'est plus de savoir si La Hague pollue trop mais si, en polluant même très faiblement l'environnement, elle tue à petit feu. Dans ce cas, c'est son existence qui est remise en cause et, *in fine*, le

---

14. Propos rapportés par Fabrice CONSTENSOUS, *La Manche libre*, 9 février 1997.
15. *Ibid.*
16. *La Manche libre*, 2 mars 1997.
17. Véronique MAURUS, « La Hague est-elle mortelle ? », *Le Monde*, 17 avril 1997, p. 12-13.

retraitement des combustibles en France. L'étude tombe on ne peut plus mal, au moment où le retraitement, économiquement discutable, est sur la sellette en France comme à l'étranger [18]. » Elle rappelle la participation du ministère de la Défense au financement de l'usine, la production de combustible de qualité militaire jusqu'au début des années quatre-vingt, les erreurs passées dans les rejets ou le stockage des déchets radioactifs, les incidents qui émaillent la vie de l'établissement, le surcoût de production du kilowatt/heure induit par le retraitement... pour conclure sur la seule question qui vaille : « Le risque de La Hague est-il acceptable ? Il y a trente ou vingt ans, la réponse ne faisait pas de doute. L'usine de retraitement servait les intérêts supérieurs de l'État. Ce n'est plus le cas. L'armée n'a plus besoin de plutonium depuis longtemps. Quant à l'indépendance énergétique, on est loin des ambitions de départ ! Le programme de surgénérateur a échoué. Plus question de boucler complètement le cycle du combustible. Pourquoi, dès lors, continuer à extraire des déchets un plutonium non seulement inutile, mais dangereux et délicat à stocker [19] ? »

Thibault Romain, de *Thalassa* (France 3), avait commencé à tourner un sujet sur La Hague fin 1996, c'est-à-dire avant la parution de mon article. Proche des gens, et des pêcheurs en particulier, il a su installer un climat de confiance pour recueillir les témoignages. Ces derniers, nombreux, constituaient un matériau riche et dense. Georges Pernoud, le producteur de l'émission, décide d'étendre la durée du documentaire de vingt-six à cinquante-deux minutes pour laisser la parole aux habitants de La Hague, à qui l'émission est donc entièrement consacrée. « Le grand doute [20] » se révèle être un documentaire d'une grande sensibilité, sans jugement de valeur ni simplification hâtive. Quatre millions de téléspectateurs ont bénéficié de cet éclairage aux vertus pédagogiques relevées par une bonne partie de la presse écrite.

---

18. Véronique MAURUS, *art. cité.*
19. *Ibid.*
20. Thibault ROMAIN, Georges PINOL, René HEUZEY, « Le grand doute, » *Thalassa*, France 3, 18 avril 1997.

L'honneur recouvré

Paradoxalement, alors que cela ne semblait pas figurer parmi les objectifs de la majorité des membres de la commission Souleau, mon salut moral et scientifique proviendra de ladite commission.

Pour éviter l'éclatement du comité, et à la demande expresse de C. Lepage qui s'inquiétait de l'avancement des travaux, C. Souleau avait fait circuler en mai 1997 parmi les membres de la commission une proposition de résolution en six points. Elle a le mérite d'être concise, consensuelle, et de prendre un peu de hauteur en posant clairement les enjeux et les difficultés de l'épidémiologie dans ce domaine. C'est peut-être le seul écrit de la commission qui présente ces qualités, et il est donc reproduit *in extenso* ci-après.

« 1. Il convient de souligner la cohérence de la démarche scientifique du professeur Viel dans la succession et la nature des travaux qu'il a menés.

« Les premières études de type descriptif ont montré qu'il n'y avait pas d'excès d'incidence sur l'ensemble du Nord-Cotentin (25 cas observés à comparer à 22,8 cas attendus [21] pour la période 1978-1992) mais qu'un agrégat était observé (pour la même période : 4 cas observés à comparer à 1,4 cas attendu) dans un canton, celui de Beaumont-Hague, comprenant l'usine de retraitement de combustibles nucléaires.

« Des observations semblables ayant été faites autour d'installations similaires en Grande-Bretagne (Sellafield et Dounreay), et bien que l'excès constaté dans le Nord-Cotentin soit à la limite de la significativité, il était légitime que le professeur Viel cherche à aller plus loin. C'est d'ailleurs probablement pour ces raisons que la commission de l'INSERM a classé en 1993 son projet en première

21. Le nombre de cas attendus est celui qu'on observerait si l'incidence dans la population étudiée était la même que dans une population de référence (le plus souvent la population générale).

position pour l'attribution d'un contrat de recherche externe.

« 2. L'enquête idéale porterait sur une cohorte de population. Il faudrait en recueillir certaines caractéristiques d'exposition dès le début de l'étude, suivre ses membres au cours du temps, et en caractériser régulièrement l'état de santé. Contrairement aux pays nordiques et, à un moindre degré, à la Grande-Bretagne, ce type d'enquête est strictement impossible en France. Il n'y a aucun moyen de localiser un individu donné en France (pas de liste d'habitants, données nominales de recensement d'accès interdit, recherche par Minitel inopérante, etc.), ni de connaître son éventuelle pathologie cancéreuse, faute de registre national. Le registre national des leucémies de l'enfant n'existait pas à l'époque, il a été mis en place en 1995. L'enquête de type cas-témoins apparaît donc la seule possible. Mais faute d'un registre local des cancers (qui n'a été créé qu'en 1994), l'enregistrement des cas de leucémies ne pouvait être que rétrospectif et non prospectif. Le choix des témoins est toujours délicat dans ce type d'enquête.

« L'approche des Britanniques n'a pu être retenue. Elle consiste à identifier, sur un registre de naissances, les enfants nés juste avant et juste après un enfant leucémique (en respectant certains critères d'appariement), à les retrouver de nombreuses années après grâce à un fichier central des listes de patients attribuées à chaque médecin généraliste, et à contacter ces derniers. L'organisation libérale de la médecine et l'impossibilité d'assurer le suivi d'un individu interdisent en France une telle approche. De même, l'absence d'une liste de population avec critères d'appariement n'autorise pas un tirage aléatoire. Restait donc une troisième solution, retenue par le professeur Viel, comme par d'autres chercheurs : choisir les témoins dans la clientèle du médecin traitant. Dans le contexte français, c'était une solution raisonnable.

« 3. L'étude cas-témoins du professeur Viel présente tous les avantages et tous les inconvénients inhérents aux enquêtes de ce type, quelles que soient la pathologie et les expositions considérées. Les sources potentielles de biais classiques (mémorisation, échantillonnage...) peuvent également être discutées dans ce cas. Les questions posées sont directement issues des questionnaires utilisés en Grande-Bretagne. La mise en évidence d'une liaison statistiquement significative entre le jeu des enfants sur les plages ainsi que la présence d'une relation dose-réponse et la mise en évidence du même facteur autour d'une usine écossaise de Dounreay lui ont fait conclure qu'" il y a quelques arguments convaincants en faveur d'un rôle causal de l'exposition environnementale aux radiations " (Some convincing evidence was found of a causal role for environmental radiation exposure...).

« 4. Toutefois, l'examen de la littérature internationale montre que le nombre d'études cas-témoins relatives à ce sujet est faible et les facteurs de risque étudiés ne donnent pas des résultats concordants. Par exemple, la fréquentation des plages n'est pas associée au risque de leucémie à Sellafield (Gardner 1990) mais elle l'est à Dounreay, (Urquhart 1991) et à La Hague (Pobel et Viel 1997). De même, l'hypothèse de l'exposition des pères aux radiations avant conception est retenue à Sellafield mais ne l'est pas à Dounreay ni à La Hague.

« De plus, pour le Nord-Cotentin considéré dans son ensemble, l'absence d'excès de leucémies dans l'étude descriptive montre, en tout état de cause, que l'utilisation des plages en général ne semble pas consituer un facteur de risque pour les leucémies.

« 5. Compte tenu du signal obtenu sur la base de son étude, il était logique que le professeur Viel pose la question des facteurs environnementaux qui mériteraient d'être examinés en relation avec une éventuelle pollution des plages, en particulier la radioactivité. Cependant, il n'a jamais prétendu en avoir apporté la preuve finale, ayant lui-même indiqué n'avoir aucun élément sur les niveaux d'activité et recommandant de procéder à une reconstitution dosimétrique pour éclairer le débat.

« On doit ici encore souligner une lacune dans le fait que les évaluations des doses délivrées aux groupes de populations les plus exposées n'aient pas été vérifiées systématiquement au cours de la vie des installations auparavant. Cependant, compte tenu du niveau des nombreuses mesures environnementales qui ont été faites, il est *a priori* logique de penser que ces doses sont probablement faibles et pourraient difficilement expliquer un excès de leucémies.

« 6. Les voies de travail qui sont actuellement explorées et qui donneront lieu à l'établissement d'un cahier des charges sont les suivantes :

« – améliorer le système local et national d'enregistrement des cancers, dans un but de surveillance sanitaire (et autorisant donc l'étude d'autres sources potentielles de pollution environnementale) ;

« – explorer les voies d'exposition aux rayonnements (aérosols, ingestion...) et procéder à des reconstructions de doses, en particulier chez les enfants. »

Ce texte présentait l'avantage de permettre à tous les acteurs de se sortir grandis d'une situation devenue inextricable car passionnelle. C. Souleau adresse au nom de la commission cette résolution à C. Lepage le 29 mai 1997, soit entre les deux tours des élections législatives qui conduiront à un changement de majorité gouvernementale.

Pendant deux semaines, ce document reste dans les tiroirs, jusqu'à ce que *Le Monde* le rende public dans son édition du 18 juin 1997 : « Les premières conclusions du comité [...] confirment le sérieux et la cohérence de l'étude du professeur Viel. C'est, de ce point de vue, une sérieuse revanche pour ce scientifique comme pour le *British Medical Journal*, tous deux accusés d'avoir diffusé des informations eronnées [22]. » De nombreux médias de la presse écrite et orale relaient ensuite l'information, focalisant leurs commentaires sur la première phrase de la réso-

22. Véronique MAURUS, Jean-Yves NAU, « Bernard Kouchner réclame une vérification du niveau de contamination de La Hague. Un comité scientifique pluridisciplinaire confirme l'existence d'un " agrégat de leucémies " », *Le Monde*, 18 juin 1997, p. 10.

lution. Certains iront jusqu'à interpréter cette résolution comme une authentification du risque de jouer sur la plage ou de manger du poisson, ce qui n'est pas le cas. Mais à avoir voulu personnaliser à outrance la controverse, le lobby nucléaire se révèle perdant. Pour l'opinion publique, l'honneur recouvré est synonyme de la reconnaissance d'un risque. Cette réhabilitation est aussi soudaine qu'inattendue. Je ne suis pourtant ni plus intelligent ni plus honnête que quelques semaines auparavant. J'ai résisté dos au mur aux pressions, en paix avec ma conscience. C'est tout. Une strophe d'un poème de Rudyard Kipling (« If ») accompagne mes pensées dans ces instants : « Si tu peux rencontrer triomphe après défaite et recevoir ces deux menteurs d'un même front. Si tu peux conserver ton courage et ta tête quand tous les autres la perdront... »

Heureusement, car le retour de manivelle ne se fera pas attendre. Il sera l'œuvre de C. Souleau, comme nous allons le voir.

15

Choc des logiques

Traduction et diffusion

Peut-être aurions-nous pu faire l'économie de tous ces débordements, si quelques règles simples (mais probablement en avance sur leur temps !), énoncées par Bruno Latour, avaient été appliquées : « Il nous faut d'abord abandonner tout discours ou opinion sur la science faite et suivre la science telle qu'elle se fait ; il nous faut ensuite renoncer à toute décision sur la subjectivité ou l'objectivité d'un énoncé qui ne serait fondée que sur l'examen de son contenu pour nous intéresser à son histoire tortueuse, à la façon dont il est passé de main en main, chacun le transformant en fait ou en artefact ; enfin, il nous faut abandonner l'idée qu'il suffit d'invoquer la nature pour clore les controverses et considérer plutôt la longue liste hétérogène de moyens et d'alliés humains ou non humains mobilisés par les chercheurs pour rendre toute dissension impossible [1]. »

1. Bruno LATOUR, *La Science en action. Introduction à la sociologie des sciences*, Gallimard-Folio, Paris, 1989, p. 247-248.

La fabrication des faits scientifiques est un processus collectif : l'énoncé initial est repris, modifié, puis retransmis par une multitude d'acteurs aux comportements imprévisibles, que le chercheur ne peut nullement maîtriser. Les résultats qu'il a rendus publics peuvent en devenir méconnaissables. Pour minimiser ce risque il est conduit à interpréter *a priori* les attentes des *autres* (surtout les financeurs), puis à constituer avec certains d'entre eux une communauté d'intérêts. Cette convergence (qui peut malgré tout se rompre à tout moment) constitue la meilleure garantie d'une participation de ces « alliés » à la construction des faits, et ce d'une manière prévisible. C'est le modèle de *traduction*.

Pour d'autres, les faits sont uniquement générés par de brillants esprits. L'énoncé lui-même force les détracteurs au consensus, dans un déterminisme scientifique de bon aloi. Puis il se répand, mû par sa seule autorité et se perpétue intact, sans aucune intervention humaine. C'est dire le talent de son auteur, qui devient le « découvreur » d'un fait préexistant, n'attendant que lui pour naître au monde ! Et si par malheur le flot de l'idée géniale ne s'écoulait pas d'une façon aussi « naturelle » qu'il le devrait, c'est que quelques groupes sociaux passifs constituent autant de barrages à son libre cours. Voilà pour le modèle de *diffusion*. « La société n'y apparaît que comme un milieu ou s'exercent diverses résistances *au travers desquelles* se déplacent idées et machines. [...] Le social est le pendant des idées [2]. »

Voies de faits

Le retentissement de l'affaire de La Hague résulte, je crois, du choc des deux modèles précédents. J'étais pour ma part convaincu de la fabrication collective des faits, mais c'est le modèle de diffusion qui prévalait : aux physiciens nucléaires, les brillants esprits ; aux particules ato-

2. Bruno LATOUR, *op. cit.*, p. 332 (c'est l'auteur qui souligne).

miques « révélées », la vérité naturelle. J'étais un obstacle, au mieux manipulé, au pire chef de file d'un groupe social écologique opposé au progrès. La société contre la techno-science.

En accord avec le modèle de diffusion, il y avait un « dedans » où la science (avec arguments et contre-arguments) se faisait et un « dehors » où elle se répandait. J'ai vécu cette contradiction, d'une manière suraiguë, au sein de la commission Souleau, concentré de la science officielle. Composée d'« experts » de bonne compagnie, aucun bruit du monde extérieur ne devait lui parvenir afin de la protéger de toute influence. D'où le huis clos, la non-invitation de mouvements citoyens ou militants. Les cloisons étaient étanches. Nous n'avons par exemple *jamais* débattu du découvrement à marée basse de la conduite de rejets radioactifs de La Hague, et de son éventuelle influence.

Si pour les autres cette position était confortable, pour moi elle était intenable. Outre la fatigue physique provoquée par les déplacements vers cette sphère parisienne, je portais sur moi les menaces de procès, les blessures de la diffamation, les doutes du scientifique, la pression des médias... Je ne les abandonnais pas à l'entrée, comme on dépose son couvre-chef avant de pénétrer en un lieu saint. Il n'y avait ni dehors, ni dedans. J'observais des énoncés, qui au gré de l'actualité pouvaient être modifiés, abandonnés, repris, attribués à d'autres, détournés... dans une chaîne de transferts, de passations. Ces voies suivies par les faits renseignaient de façon symétrique sur l'état du collectif (les gens) et l'état des choses (les faits). Les ministres, Greenpeace, les « mères en colère », l'iode 129, le tuyau, le homard pêché à proximité, la grande marée... étaient aussi des acteurs dans la construction des faits scientifiques. Avec des liens plus ou moins forts certes, mais dont on aurait au moins pu tester la résistance. Les relations avec l'INSERM, mon « allié » initial pour des raisons intellectuelles et financières, n'avaient pas résisté, mais une nouvelle communauté d'intérêts s'était constituée avec le ministre de l'Environnement et le *BMJ*. Tout cela était rendu intelligible par le modèle de traduction.

Au début des travaux de la commission, j'ai loyalement effectué de nombreuses analyses complémentaires. Mais j'ai rapidement constaté une double asymétrie. Il m'était toujours demandé plus sans contrepartie, puisque je semblais pouvoir céder, et les menaces de procès que j'avais évoquées sobrement une fois sont apparues incongrues en ces lieux. Selon la logique de la diffusion, j'allais être sacrifié à l'extérieur sur l'autel d'un consensus interne et, à une exception, les membres de la commission s'en lavaient les mains. A ce moment, je me suis fermé comme une huître au premier effleurement de la lame et je n'ai plus laissé d'espace à la négociation.

Communiqués de campagne

Le décryptage de l'apparent désordre des informations successives n'a pas été rendu facile par la multiplicité des intervenants, dans un ballet qui prenait parfois des allures de bataille navale (avec plongeurs...) sur fond de campagne de prélèvements.

« La polémique autour de La Hague rebondit... » restera la phrase clé de l'année 1997. C'est bien la preuve d'une accumulation de messages, en provenance d'émetteurs divers et forcément contradictoires puisque le modèle de diffusion semble le vouloir. Qu'ont retenu les citoyens ?

Reprenons brièvement la chronologie des événements. Le 10 janvier 1997, mon étude sort dans le *BMJ* avec les réactions que l'on connaît. Le 11 mars, lors d'une grande marée, des taux de radioactivité trois mille fois supérieurs à la normale sont relevés par la CRII-Rad et Greenpeace au contact de la conduite d'évacuation en mer de l'usine de La Hague. Le 29 mai, la CRII-Rad critique les normes de rejets et révèle que certains radionucléides majeurs tels que l'iode 129 n'ont pas été pris en compte et conduisent à une sous-estimation des risques. Le 13 juin, les plongeurs de Greenpeace mènent une campagne de prélèvements au débouché de la conduite, et relèvent une radioactivité dont le niveau permettrait de classer ces rejets liquides comme déchets radioactifs. A trois reprises, la Cogema confisque le matériel des plongeurs. Le 18 juin, une résolution du comité scientifique, confirmant le sérieux et la cohérence de mes études, ainsi que l'existence d'un agrégat de leucémies, est rendue publique. Le 24 juin, le comité scientifique remet ses premières conclusions à Bernard Kouchner, nouveau secrétaire d'État à la Santé. Il laisse percer son désappointement : « J'attendais un peu plus d'éclairage », déclare-t-il à la commission.

Le 26 juin, Charles Souleau se veut rassurant à Cherbourg, devant la Commission spéciale permanente d'information La Hague, et à Beaumont-Hague, devant les habitants. Le 1er juillet, C. Souleau remet officiellement le rapport de la commission à Dominique Voynet, nouveau ministre de l'Aménagement du Territoire et de l'Environnement, et B. Kouchner. Le 10 juillet, D. Voynet annonce à la sortie du Conseil des ministres que l'accès des plaisanciers et pêcheurs dans la zone proche de l'émissaire de la conduite sera empêché pendant l'opération de détartrage de la canalisation. Toujours le 10 juillet, mais quelques heures plus tard, Dominique Strauss-Kahn (nouveau ministre des Finances et de l'Industrie), D. Voynet, et B. Kouchner publient précipitamment un communiqué non alarmiste. Le 11 juillet, C. Souleau communique à Caen devant le conseil régional de Basse-Normandie, et franchit la ligne jaune. Il attaque vertement D. Voynet et tient des propos très virulents à l'égard de la presse nationale et de Greenpeace. Le 22 juillet, il annonce par lettre sa démission aux membres de la commission. Le 24 juillet (dans *La Presse de la Manche* [3]) et le 28 juillet (dans *Le Figaro* [4]), C. Souleau s'engage plus avant dans sa vision de la société, et réitère des accusations inouïes. Le 5 août,

3. Charles Souleau, « Nord-Cotentin : un vrai-faux problème de santé publique. Vers une république écologique verte ? », *La Presse de la Manche*, 24 juillet 1997, p. 2.
4. « Le réquisitoire du professeur Souleau », *Le Figaro*, 28 juillet 1997, p. 7.

la presse relate sa démission et met le doigt sur la présentation tendancieuse qu'il a faite des travaux des experts. Le 7 août, D. Voynet et B. Kouchner prennent acte de la démission de C. Souleau pour raisons personnelles et confient la poursuite des travaux à deux autres personnalités. Le 11 octobre, on apprend de leurs ministères qu'aucun nouveau cas de leucémie infantile n'a été détecté dans le canton de Beaumont-Hague entre 1993 et 1997 (ce qui n'est pas incompatible avec la présence d'un excès antérieur, lié à la fréquentation des plages).

Pour se forger une opinion, on serait perplexe à moins !

Raisonnables recommandations

La commission avait malgré tout travaillé et son rapport final était supposé apporter une réponse claire aux attentes des gouvernants et des citoyens. Deux séries de recommandations y figurent. Les premières portent sur l'épidémiologie, à savoir :

« – L'analyse des études d'incidence, d'une part, et cas-témoins, d'autre part, réalisées dans le Nord-Cotentin, doit être encore approfondie [...] pour aboutir à des résultats validés et interprétables de façon cohérente ;

« – une étude d'incidence des leucémies du sujet de moins de 25 ans dans le Nord-Cotentin au cours des quatre dernières années (de 1993 à 1996) doit être réalisée très rapidement afin de vérifier, notamment, si l'excès numérique observé dans le canton de Beaumont-Hague se maintient, voire se renforce, au cours de ces quatre nouvelles années, ou si, au contraire, cet excès numérique s'estompe. Cette étude d'incidence devra être poursuivie au cours des années ultérieures.

« Il est par ailleurs recommandé de développer les travaux suivants :

« – enregistrement de l'incidence des cancers dans le département de la Manche et surveillance régulière des variations géographiques et temporelles de l'incidence des différents cancers, notamment de ceux pouvant être induits par l'exposition aux radiations ionisantes ; dans le cadre de cet enregistrement, il convient de caractériser au mieux sur le plan biologique la pathologie cancéreuse observée ;

« – enregistrement des leucémies de l'enfant au niveau national, étude des variations géographiques et temporelles de leur incidence, recherche des facteurs de risque environnementaux, constitutionnels et/ou liés aux modes de vie ;

« – mise en place d'une structure chargée de recueillir des informations sur différents indicateurs de santé et d'exposition à l'échelle de petites unités géographiques et d'analyser leurs variations géographiques et temporelles (tendances, agrégats...). »

J'ai refusé d'entériner la première recommandation pour deux raisons. Tout d'abord, la commission ne respectait pas la mission qui lui avait été confiée. Le défi ambitieux et novateur lancé par C. Lepage et H. Gaymard consistait à piloter « une nouvelle étude épidémiologique complète dans le Nord-Cotentin ». Devant les divergences d'interprétation, C. Lepage avait cru bon de rappeler par écrit cet objectif précis, le 9 mai 1997. Or la recommandation n° 1, et surtout ses modalités détaillées, consiste clairement à revisiter des travaux passés. Les enjeux de santé publique et la confiance des ministres méritaient à mes yeux une approche dépassant les clivages et tournée délibérément vers l'avenir. C. Souleau s'était d'ailleurs engagé sur ce point au nom de la commission, dans un courrier adressé le 12 mai 1997 à C. Lepage. Il y confirmait « l'inutilité probable d'une nouvelle visite de l'étude de J.-F. Viel, comme d'une tentative de raccordement de ce travail d'épidémiologie rétrospective avec les futures données rassemblées par l'ARKM (registre des cancers de la Manche) ou par les institutions qui lui viendraient en aide. En effet, cette nouvelle visite ne serait motivée que par une critique générale adressée à toutes les études cas-témoins... » Pourquoi et sous quelles influences n'a-t-il pas tenu parole ?

La seconde raison de mon opposition réside dans la position déontologique et morale indéfendable que cette résolution impliquait. J'ai déjà évoqué les engagements forts que j'avais pris auprès des parents (informations confidentielles, aucun croisement de fichiers informatiques, aucune communication à des tiers). Or la « revisite » des études passées nécessiterait la levée de l'anonymat et de la confidentialité des données. Je ne pouvais donc accéder à cette requête, quitte à donner l'impression d'un refus de collaboration.

Les recommandations dans le domaine de la radioécologie ont, elles, reçu l'aval de tous :

« – Améliorer les connaissances sur le comportement des radioéléments dans l'environnement (facteur de dilution en mer, facteur de concentration dans les produits marins...) afin de vérifier l'estimation des exploitants ;

« – exploiter systématiquement les résultats des mesures effectuées dans l'environnement pour les comparer aux évaluations obtenues à partir des rejets réels et de la modélisation de leur transfert dans l'environnement ;

« – évaluer de la façon la plus précise possible, comme le stipule la nouvelle directive européenne sur la radioprotection, la dose reçue par les personnes les plus exposées (choix de la ration alimentaire notamment). Cette évaluation doit porter, dans la mesure du possible, sur les doses aux organes quand il s'agit d'étudier un cancer spécifique. »

Voilà pour les conclusions de la commission. Elles laissent une impression d'inachevé : j'en porte, comme les autres membres, une partie de la responsabilité. Un journaliste un peu au fait de la problématique serait parvenu, en une heure de réflexion, peu ou prou aux mêmes recommandations épidémiologiques.

Une question, la seule qui vaille, reste en suspens : peut-on sans crainte se baigner ou consommer les produits de la mer dans le Nord-Cotentin ? Curieusement, elle n'a pas plus été abordée que le rôle éventuel de la conduite de rejets radioactifs liquides, lors des réunions de la commission. *A fortiori* il n'y a pas été répondu, et c'est donc fort logiquement que nulle mention n'en est faite dans les documents intermédiaires ou le rapport final. Pour C. Souleau, la réponse était de toute évidence positive. Le 24 juin, devant B. Kouchner et les hochements de tête approbateurs de quelques membres de la commission, il se veut totalement rassurant. J'y vois un acte personnel d'allégeance à l'autorité, car il n'était aucunement mandaté pour prendre cette position.

Je m'étais moi aussi interrogé mais, beaucoup trop impliqué dans la controverse, je n'avais pas réussi à dégager une ligne de conduite claire. Toutefois, comme B. Kouchner, je pense que, « d'une manière générale, le principe de précaution en matière de santé publique doit également s'appliquer à l'environnement [5] ». C'est pourquoi je lui ai suggéré, à titre tout à fait personnel, qu'au nom de ce principe la pêche pourrait être interdite autour de l'émissaire de la conduite de rejets radioactifs liquides. D. Voynet appliquera cette mesure quelques jours plus tard.

Je conserve de cet entretien avec B. Kouchner un immense regret, presque une honte... celui de m'être comporté, moi aussi, de façon trop légaliste. Deux jours plus tard devait se tenir la séance d'information de C. Souleau à Cherbourg, puis Beaumont-Hague. Comme je lui faisais part de mon désir d'y participer, il avait loyalement accepté ma présence. Le préfet de la Manche, joint alors par téléphone, s'était montré très réticent, tolérant les autres membres de la commission uniquement comme observateurs dans la salle. Au cours de la réunion, ce point fut de nouveau abordé, et B. Kouchner jugea préférable que seul C. Souleau effectuât le déplacement. Je me suis incliné pour ne pas gêner les ministères dans leurs décisions. J'ai eu tort, mon devoir était d'être parmi les habitants du Nord-Cotentin pour expliquer ma démarche, aussi irrationnelles et hostiles qu'auraient pu être leurs réactions.

---

5. Propos rapportés par Véronique Maurus et Jean-Yves Nau, *Le Monde*, 18 juin 1997, p. 10.

Hors contrôle

La confusion a été portée à son comble par le positionnement ambigu du président de la commission, C. Souleau, au début de l'été : scientifique ou politique ? Scientifique, bien sûr, si l'on s'en tient aux termes de sa mission et au qualificatif qu'il revendique. Politique, sans aucun doute, comme le prouve une succession d'événements dont le ton ira *crescendo*.

Retournons à Beaumont-Hague, le 26 juin, dans la salle des fêtes remplie à craquer. C. Souleau y déclare : « La population n'a aucune raison de changer de mode de vie dans le Nord-Cotentin [...]. Vous vous rendez bien compte de la responsabilité que je prends en disant cela [...] mais nous avons décidé collectivement de délivrer ce message en connaissance de cause [6]... » Je ne me sens déjà absolument pas impliqué par cet adverbe « collectivement », pour le moins abusif puisque cela n'a pas été débattu au sein du comité.

Le 2 juillet, une carte manuscrite signée de sa main parvient, avec le rapport final, aux membres de la commission. Deux phrases m'inquiètent plus que d'autres : « Les membres de notre comité adeptes de l'écologie militante auront pour une part gagné puisque tout message rationnel sortant de notre rapport est brouillé. D'ailleurs, j'ai compris que l'OPRI et l'IPSN allaient être fusionnés pour être dirigés par Greenpeace depuis la CIA et quelques autres capitales qui nous " aiment ". »

Le processus semble ensuite s'emballer. « Pas de danger à La Hague et sur les plages du Nord-Cotentin, n'en déplaise à Greenpeace soutenu par un ministre de l'Environnement incompétent et manipulé [7] », vocifère C. Souleau devant le conseil régional de Basse-Normandie, le 11 juillet. Le reste de son intervention est à l'avenant mais ne franchit pas le filtre des médias. Plusieurs universi-

6. Propos rapportés par Laurent Gouhier, *La Presse de la Manche*, 27 juin 1997.
7. Propos rapportés par Jean-Claude Champion, *Ouest-France*, 12 juillet 1997.

taires, présents dans la salle, me diront plus tard le malaise qu'ils ont ressenti devant ces dérapages, décrédibilisant selon eux la communauté scientifique dans son ensemble.

Dans une lettre adressée le 22 juillet aux membres de la commission, C. Souleau confirme sa démission déjà évoquée au début du mois. Il rappelle les « difficultés psychologiques, morales et relationnelles » qu'il a éprouvées durant les six mois de travail, et pense que le « comité qui comportait en son sein notre collègue le professeur J.-F. Viel, notoirement lié aux associations militantes antinucléaires et à l'entourage des ministres successifs de l'Environnement, a perdu un temps considérable et stupide à traiter les problèmes subalternes liés à cette appartenance ».

L'acmé de cette confusion entre science et politique survient indéniablement le 24 juillet, lorsque *La Presse de la Manche* publie *in extenso* ce qui ressemble fort au credo conservateur de C. Souleau [8]. Car il se sent investi d'une mission qui dépasse largement celle qui lui a été confiée. Il apparaît porteur d'un idéal, sinon d'une certaine vision de la société. « Je conçois mal que cinquante ans de science, de technologie, de sueur, de volontés, qui ont donné à la France son indépendance politique, énergétique et militaire soient balayés d'un revers de main par une association internationale, donc de nature totalisante, sinon totalitaire, comme Greenpeace [...]. Ils sont infiniment nombreux, de tous horizons politiques, de toutes classes sociales, ceux qui sont animés par le même sentiment que moi : " La France, comme disait le Général, mérite d'exister envers et contre tous [9]. " »

Il estime avoir le droit « de dire des choses importantes à notre gouvernement et ses ministres, passés, présents ou futurs, ainsi qu'à leurs administrations centrales [10] ». L'avenir politique du pays lui apparaît bien sombre : « Une politique de l'environnement qui serait animée

8. Charles Souleau, *La Presse de la Manche*, 24 juillet 1997, p. 2.
9. *Ibid.*
10. *Ibid.*

selon les principes affirmés par les écologistes militants qui ont connu le succès démocratique récent que l'on sait, génère chez moi l'angoisse [...]. L'apocalypse environnementale décrite par Greenpeace ou CRII-Rad relève de l'ordre religieux, en réalité plutôt de celui de la secte intégriste. C'est en quelque sorte la terreur de l'an 2000, la même qui pousse des citoyens ordinaires au suicide, guidés par de nouveaux gourous. Car on nous prépare un gigantesque suicide collectif, une sorte de “ Temple solaire vert ”. [...] Les écologistes fondamentalistes sont courageux quand ils ne prennent pas de risques. S'ils veulent devenir efficaces, à Dieu ne plaise, il faudra transformer notre pays en “ République écologique verte ” dirigée par les ayatollahs que l'on connaît bien ailleurs, où ils utilisent la même couleur symbolique. [...] Si j'avais le talent d'Aldous Huxley je pourrais, nous pourrions, car nous sommes légion à penser ce que je pense, mais peu à le dire ou à l'écrire car nous avons peur, nous sommes “ terrorisés ”, construire un “ meilleur des mondes, vert ”. Chacun y aurait l'autorisation de procréer en fonction de l'index mondial de natalité publié chaque semaine sur nos chaînes de télévision aux heures propices, le non-respect de l'obligation du préservatif relèverait du droit pénal et de la correctionnelle, des grands procès seraient organisés contre les firmes de matières plastiques ou de caoutchouc (le meilleur ! il est naturel) qui auraient irrité nos sexes fatigués et abîmés par la fréquentation obligatoire et programmée de tous les trous offerts par la Bonne Nature – encore elle [11]. »

C. Souleau a « passablement brûlé [ses] vaisseaux [12] », comme il le dit de lui-même, à propos de sa communication devant le conseil régional de Basse-Normandie. Par ses outrances, son manque de recul sur lui-même, il dessert les convictions qui sont les siennes et qu'il a, je crois, tenté honnêtement de maîtriser le plus longtemps possible.

Mais il n'était pas au bout de ses peines. Le 5 août, la

---

11. Charles SOULEAU, *art. cité.*
12. *Ibid.*

presse révèle sa démission, ainsi qu'une entorse aux règles scientifiques qu'il a commise [13]. Dans son intervention à la mairie de Beaumont-Hague le 26 juin, il a appuyé une partie de ses propos rassurants sur les résultats de calculs de doses radioactives effectués par la seule Cogema, tout en les présentant comme étant ceux du comité lui-même. Je reste persuadé que C. Souleau n'a pas délibérément choisi de maquiller la vérité, mais qu'il s'agit plutôt d'un « acte manqué » signant l'association de fortes convictions avec une grande fatigue morale. « Mais alors, à qui faire confiance, si même le président d'une commission scientifique est pris en flagrant délit de désinformation ? », me diront par la suite de nombreux Normands rencontrés lors de mes vacances.

C. Lepage, à cette même date, apporte un témoignage capital : « Lorsque j'ai décidé, au vu des travaux du professeur Jean-François Viel, qu'il fallait mettre en place une étude épidémiologique la plus objective possible, je me suis heurtée à de très fortes résistances. Ces dernières résultaient pour beaucoup du fait qu'il n'y a jamais eu dans notre pays d'études épidémiologiques de ce type et que nous avons, de ce point de vue, en France, un retard absolument gigantesque. [...] Certains ont alors souhaité que cette étude soit confiée à l'Institut national de la santé et de la recherche médicale (INSERM). J'y étais pour ma part totalement opposée. D'abord parce que certains membres de cet institut avaient immédiatement pris position de manière très violente contre le professeur Viel, avant, il est vrai, de s'excuser, quelque temps plus tard, dans vos colonnes [celles du *Monde*]. Je considérais que l'on ne pouvait pas demander à un organisme ayant pris une telle position de mener une expertise indépendante. Il fallait, à mes yeux, obtenir la réalisation d'une expertise " plurielle ". J'avais pensé confier la présidence de cette commission au responsable du Comité de la prévention et de la précaution, ce qui fut refusé par le ministère de la

13. Jean-Pierre BUISSON, « La présentation de son rapport sur La Hague contestée. Le professeur Souleau démissionne », *Ouest-France*, 5 août 1997.

Santé [...]. Il est clair que l'Office de protection contre les rayonnements ionisants (OPRI) n'était pas du tout favorable à cette démarche. Cet office reste très marqué par la culture du Service central de protection contre les rayonnements ionisants. A mes yeux, l'État n'exerce pas, vis-à-vis de cet office, le contrôle qui s'impose. [...] Pour ce qui est de la polémique autour de l'action et de la démission du professeur Souleau, j'estime en toute hypothèse que certaines des déclarations et des écrits de ce spécialiste étaient totalement incompatibles avec le devoir de réserve qui s'impose à celui qui accepte une telle mission. Je m'interroge toujours sur les raisons qui l'ont conduit à se lancer dans cette violente croisade antiécologistes, anti-Verts. Tout cela montre combien il faut être moralement fort pour chercher à établir une information objective, quitte à se bagarrer contre le lobby du nucléaire. Il faut, et j'en sais quelque chose, avoir l'âme chevillée au corps [14]. »

---

14. Propos recueillis par Jean-Yves NAU, *Le Monde*, 7 août 1997, p. 5.

V

Une nouvelle défaite de la santé publique

16

Communauté d'intérêts contre intérêts communautaires

Les droits de l'homme et du citoyen

La mise en perspective historique montre que la faiblesse institutionnelle et culturelle de la santé publique en France prend ses racines loin dans le passé. Tout n'avait pourtant pas si mal commencé sous la plume des rédacteurs de la *Déclaration des droits de l'homme et du citoyen* en août 1789. En n'oubliant pas les devoirs respectifs de chacun [1], la France révolutionnaire semblait vouloir placer au-dessus des intérêts individuels l'amélioration du sort de tous. Las, dès le début du XIXe siècle, la France prend un retard considérable. Ainsi en va-t-il, par exemple, de la vaccination antivariolique. La Suède impose cette mesure dès 1816, tandis que la France fait figure de mauvais élève de l'Europe de l'Ouest en la rendant obligatoire... quatre-vingt-six ans plus tard. De même quand il s'agit de mettre en place un cadre législatif pour

1. Article 4 : « [...] L'exercice des droits naturels de chaque homme n'a de bornes que celles qui assurent aux autres membres de la société la jouissance de ces mêmes droits. »

la santé publique, et une administration chargée de la faire respecter. Dans la seconde moitié du XIXe siècle, des lois sanitaires sont promulguées dans de nombreux pays... sauf en France.

Il faudra attendre la loi de police sanitaire du 15 février 1902, considérablement édulcorée après seize ans passés dans les cartons du Parlement, pour assister à l'ébauche d'un système de santé publique. Elle comprend trois principales dispositions obligatoires : la vaccination antivariolique déjà évoquée ; la déclaration des maladies contagieuses ; la lutte contre les maladies transmissibles en général, et les logements insalubres en particulier. Le Sénat de l'époque s'est opposé farouchement à ce projet de loi, refusant la mise en place d'inspecteurs sanitaires, pour des raisons fort bien exposées par Lion Murard et Patrick Zylberman [2]. Les libéraux voyaient dans le caractère obligatoire de ces mesures une menace pour la sûreté et la liberté des citoyens. Ils œuvrèrent donc pour que les pouvoirs d'exécution de cette loi soient confiés non pas aux préfets mais aux maires. Or ces derniers avaient tout intérêt à ne pas agir, pour ne pas s'aliéner les sympathies électorales (ce qu'ils firent d'autant moins que la loi leur laissait toute latitude de l'appliquer ou non). Ils étaient soutenus en cela par les médecins libéraux, hostiles à toute médecine communautaire (telle qu'exercée dans les dispensaires) et craignant que des mesures préventives ne diminuent leurs revenus et donc leur prestige social. Les autres relais d'opinion locaux, dans une France majoritairement rurale et viscéralement attachée au droit de propriété, voyaient aussi d'un très mauvais œil ces règlements sanitaires. Toute mesure de police ordonnant l'assainissement ou la désinfection d'une maison, le curage de puits ou de fosses à purin... soulevait les plus vives protestations. Imposer, par exemple, le badigeonnage à la chaux des murs intérieurs d'un foyer touché par la variole était ressenti comme une atteinte intolérable au respect de la

2. Lion MURARD et Patrick ZYLBERMAN, *L'Hygiène dans la République. La santé publique en France, ou l'utopie contrariée (1870-1918)*, Fayard, Paris, 1996.

propriété privée. Si préoccupation sanitaire il y avait, elle concernait d'abord le bétail [3].

Presque cent ans plus tard, ces déterminants politiques et sociaux sont toujours opérants. D'ailleurs, dans la vie courante, on ne cite plus que les « droits de l'homme », le citoyen étant passé à la trappe. L'intrusion de l'État dans un domaine par nature privé est toujours considérée en France avec défiance. Pourtant, le caractère libéral d'une société n'exclut pas *de facto* la dimension communautaire de la santé, comme le prouvent à l'envi les pays anglo-saxons. Leurs efforts continus de surveillance et de sécurité sanitaires ont favorisé l'émergence d'une recherche en épidémiologie et en statistique d'un très haut niveau. Ronald Aylmer Fisher, Karl Pearson, Austin Bradford Hill... tous britanniques, représentent les phares de cette grande tradition. *A contrario*, en France, la faiblesse de la politique sanitaire n'a favorisé que très tardivement une recherche épidémiologique digne de ce nom, qui en retour n'a pas encore réussi à redynamiser la politique de santé publique aussi loin qu'il serait souhaitable.

Pour Aquilino Morelle, « archaïsme de l'institution médicale, inadaptation et déséquilibres des structures administratives, oubli de l'impératif de sécurité sont à l'origine de la faillite sanitaire française [4] ». La santé publique avance prudemment sur un terrain chaotique, au gré des crises, scandales et autres affaires. Elle est trop souvent du ressort de l'urgence plutôt que du domaine de la planification. Car les structures sont défaillantes, embryonnaires ou inexistantes.

Une surveillance sanitaire lacunaire

Transposons-nous dans un ailleurs meilleur, où la santé publique est une culture partagée par les citoyens, les

3. Dès 1881, une inspection sanitaire départementale pour le bétail avait été créée par le Parlement.
4. Aquilino Morelle, *La Défaite de la santé publique*, Flammarion, Paris, 1996, p. 24.

médecins et les politiques. Un jour, quelques recherches préliminaires semblent y indiquer que les champs électromagnétiques pourraient représenter une menace pour la santé des enfants, sous la forme de leucémies. Quelle attitude prennent les dirigeants de ce peuple responsable ? Ils considèrent cette hypothèse avec sérieux car le danger potentiel est répandu sur l'ensemble du territoire (lignes électriques à haute tension) et toucherait les forces vives de la nation. Des épidémiologistes sont donc sollicités pour évaluer ce risque dans le délai le plus court possible. Par chance, il existe un système d'enregistrement démographique et sanitaire opérationnel de longue date. Dans un premier temps, les coordonnées des lignes à haute tension sont portées sur une carte numérisée (dans un système d'information géographique). Un couloir large de 500 mètres est tracé autour de ces lignes. Puis, les épidémiologistes croisent ce fichier informatique avec une base de données nationale, comprenant les localisations de l'ensemble des bâtiments du pays. Ils identifient ainsi les habitations incluses dans les couloirs considérés. Mais subissent-elles un champ électromagnétique important ? Pour le savoir, les chercheurs modélisent les champs régnant sur ces maisons, à partir des voltages, puissances, phases et distances des lignes électriques. Seules sont ensuite retenues les habitations où un champ électromagnétique supérieur à un certain seuil (0,01 microtesla) a été estimé.

Mais les épidémiologistes ne sont pas au bout de leurs peines. Il leur faut maintenant identifier les enfants qui, à une période quelconque de leur vie, ont habité ces maisons. Cela est rendu possible grâce à un fichier informatisé des logements qui recense tous les habitants qui s'y sont succédé. Enfin, grâce à une recherche nominative, toujours informatisée, ils repèrent, parmi cette population d'enfants bien identifiée, ceux qui ont souffert d'un cancer. Ils se fondent pour cela sur le registre national des tumeurs. En quelques mois de travail, les épidémiologistes ont pu reconstituer, grâce à un système de surveillance démographique et sanitaire de très haute qualité, la cohorte des enfants exposés aux champs électromagnétiques. Ils concluent à l'absence d'accroissement des leucémies de l'enfant à proximité des lignes à haute tension et peuvent ainsi apporter des éléments rassurants aux décideurs politiques.

Ce pays idyllique existe, c'est la Finlande, et l'exemple est bien réel [5]. D'autres recherches similaires ont eu lieu en Suède, en Norvège, au Danemark, en Grande-Bretagne... Malheureusement, ce schéma de recherche optimal ne peut être appliqué en France, puisque presque tous les maillons de cette chaîne sont absents ou incomplets.

Il n'existe tout d'abord pas d'organisation formellement structurée, avec les moyens humains et informatiques en rapport, pour assurer cette surveillance nécessaire. Ni la Direction générale de la santé (DGS) au ministère, ni le Réseau national de santé publique (RNSP) [6] n'ont mis une telle structure en place. Un fichier des habitations avec leurs occupants successifs n'est pas plus disponible. Par ailleurs, on l'a vu, le secret statistique est tel en France que les données de recencements nominatives sont interdites d'accès à tout chercheur extérieur à l'INSEE. Enfin, il n'existe pas de registre national des cancers, mais uniquement quelques registres départementaux (couvrant 10 % de la population française), créés grâce à de fortes énergies locales et, pour certains d'entre eux, financés en partie par la DGS et l'INSERM.

Pour autant, une majorité d'épidémiologistes français ne ressent pas cette absence comme une lacune, ainsi que le confirme un rapport récent (et curieusement à diffusion restreinte) du Comité national des registres, rédigé sous la présidence de Jacques Estève (Centre international de

5. Pia VERKASALO, Eero PUKKALA, Mikko HONGISTO, Jorma VALJUS, Pekka JARVINEN, Kauko HEIKKILA et Markku KOSKENVUO, « Risk of cancer in Finnish children living close to power lines », *British Medical Journal*, vol. 307, 1993, p. 895-899.

6. Deux de ses attributions sont pourtant : de coordonner et de développer la collecte, l'analyse, l'interprétation et la diffusion d'informations relatives à la santé ; de mesurer les effets sur la santé de la dégradation de l'environnement et de valider d'un point de vue sanitaire les paramètres de la surveillance environnementale.

recherche sur le cancer, Lyon)[7]. Les registres y sont reconnus comme ayant « indiscutablement une vocation de surveillance de la maladie[8] ». Il y est aussi rappelé que, pour les études portant sur les facteurs de risque du cancer, « les registres ont théoriquement un rôle spécifique à jouer [...] dans la mesure où il est possible d'apparier les données du registre et les données d'autres fichiers. Les registres scandinaves fournissent un bon exemple de ce qui peut être fait dans ce domaine. En France les expériences de ce genre sont limitées *pour des raisons évidentes*[9]... ». Ces « raisons évidentes » ne sont ni rappelées ni argumentées, encore moins remises en cause. Les auteurs de ce rapport ne recommandent pas la mise en place d'un registre national, considérant qu' « il est *généralement* accepté que la création d'un registre national n'est pas réaliste et probablement inutile pour améliorer la connaissance de la maladie[10] ». L'argumentation est bien légère. S'il est parfaitement exact que, en termes de description simple, d'évaluation des pratiques médicales, d'évaluation du dépistage ou d'études de survie, quelques registres départementaux suffisent, la surveillance des cancers sur une population non sélectionnée *a priori* ne peut faire l'impasse d'un registre national des cancers ! Comment, par exemple, authentifier un excès de cancers à proximité d'une usine nucléaire et tenter de répliquer ces résultats autour de l'ensemble des sites industriels similaires, s'ils ne figurent pas chacun dans une zone couverte par un registre ?

---

7. Groupe de travail « cancer » du Comité national des registres, *Le rôle des registres de morbidité dans la recherche sur le cancer et dans la surveillance et le contrôle de la maladie ; propositions pour un encadrement de l'enregistrement du cancer*, juin 1996. Le Comité national des registres a pour missions : de proposer une politique des registres s'appuyant sur les besoins en matière de santé publique et de recherche épidémiologique ; de donner un avis sur l'opportunité de maintenir les registres existants ou d'en créer de nouveaux.

8. *Ibid.*

9. *Ibid.* (c'est nous qui soulignons).

10. *Ibid.* (c'est nous qui soulignons).

Une France pusillanime

En 1992, un projet de directive de la Commission des Communautés européennes, relative à la protection de l'individu et à l'utilisation de données nominatives, a fait réagir de nombreux épidémiologistes étrangers, qui y voyaient l'influence du tandem franco-allemand dans les dispositions très restrictives qu'il comprenait. Ces prises de position ont le mérite d'éclairer la situation française en dehors de tout débat partisan. « Il y a plusieurs raisons pour lesquelles les États-Unis ont été les plus en pointe dans le développement de la recherche épidémiologique. L'une était la réglementation extrêmement stricte sur la protection des données dans quelques pays européens [...]. L'équilibre entre la garantie de la vie privée et la protection des individus contre les dangers environnementaux [...] dépend des menaces de divulgation de données personnelles, potentiellement préjudiciable. D'autres pays européens ont mis en place une réglementation destinée à éliminer un tel risque. D'autres encore ont porté leurs efforts sur la protection des personnes plutôt que sur celle des données, parce que le risque de divulgation d'une information individuelle est plutôt faible comparé aux intérêts d'une population. Ainsi les pays avec un ensemble de règlements très restrictifs sur la protection des données doivent-ils se reposer sur les résultats de la recherche épidémiologique conduite dans d'autres pays pour prévenir et soigner les maladies [...]. La directive va offrir un écran à ceux qui ont quelque chose à cacher. Ceux qui pourraient être responsables d'effets indésirables sur la santé des populations pourront utiliser et utiliseront cette directive pour bloquer toute investigation ultérieure sur les conséquences sanitaires, par exemple, des polluants dans l'environnement général et professionnel [11]. » On ne saurait être

11. Jorn Olsen, au nom de l'Association épidémiologique internationale, « Directive of the European Parliament and of the Council on the protection of individuals with regard to the processing of personal data and on the free movement of such data », *International Journal of Epidemiology*, vol. 24, 1995, p. 462-463.

plus clair. Craignant l'interdiction de leur accès, les épidémiologistes rappellent la valeur inestimable de bases de données nationales et le nécessaire croisement informatique des fichiers, à partir d'informations nominatives s'il le faut, pour mener une recherche de qualité [12].

Les Français ont été étrangements muets à cette occasion, mais il est vrai qu'ils n'allaient pas se battre pour préserver de précieux acquis... qui n'étaient pas les leurs ! La recherche en épidémiologie environnementale est donc fortement compromise en France, faute de structures et réglementations adéquates. L'État aurait-il souhaité son déclin qu'il ne s'y serait pas pris autrement. Le coût et la difficulté d'obtenir des données de qualité sur une population importante constituent autant de paravents à nos frilosités, lâchetés ou duplicités. La taille de notre population ne constitue en aucun cas un alibi. Des pays plus peuplés que le nôtre ont déjà eu le courage politique nécessaire. La Grande-Bretagne possède depuis longtemps un registre national des tumeurs et, par une loi fédérale du 11 novembre 1994, l'Allemagne rend obligatoire l'existence d'un registre dans chaque *Land*, à compter du 1er janvier 1999.

Quelques timides efforts ont été accomplis ces dernières années mais il manque un souffle, une politique d'envergure. Un Réseau national de santé publique a bien été créé en 1992, mais reste considérablement sous-doté au vu de son champ d'intervention. Depuis 1995, des aménagements législatifs autorisent la transmission de données nominatives entre membres des professions de santé, nonobstant les règles relatives au secret professionnel [13]. Cela signifie qu'auparavant les registres du cancer départementaux étaient tout bonnement illégaux ! Toutefois, à la

12. Elsebeth LYNGE, « European directive on confidential data : a threat to epidemiology. Extend to research the exemptions that apply to journalism », *British Medical Journal*, vol. 308, 1994, p. 490 ; Charles STILLER, « Cancer registration : its uses in research, and confidentiality in the EC », *Journal of Epidemiology and Community Health*, vol. 47, 1993, p. 342-344.

13. Loi n° 94-548 du 1er juillet 1994 relative au traitement de données nominatives ayant pour fin la recherche dans le domaine de la santé, et décret n° 95-682 du 9 mai 1995.

fin de 1997, l'accès aux données INSEE, la création d'un registre national des cancers (excepté un registre national des leucémies sous l'impulsion d'une équipe de l'INSERM), la mise en place d'un fichier national des naissances... n'étaient toujours pas à l'ordre du jour.

Un statut particulier

L'exposition aux radiations ionisantes bénéficie, dans le domaine de la santé publique comme dans beaucoup d'autres, d'un particularisme frappant. Premier motif d'étonnement, elle est expressément exclue des missions du RNSP. Par définition, un réseau a pourtant pour ambition de rassembler toutes les informations pour être plus efficace, mais les mailles de ce filet sont peut-être trop étroites pour le poisson nucléaire.

Deuxième motif d'interrogation, les structures d'administration ou d'expertise sont morcelées et sous tutelles diverses, ce qui conduit à des luttes d'influence incessantes. A l'OPRI (Office de protection contre les radiations ionisantes), gardien de l'orthodoxie qui n'a qu'une mission de contrôle (mais qui se dote orgueilleusement d'une direction de la recherche), on peut opposer l'IPSN (Institut de protection et de sûreté nucléaire), qui n'aspire qu'à renforcer l'indépendance qu'il a déjà chèrement acquise, et dont les missions d'expertise (études d'impact, gestion des crises, épidémiologie...) paraissent plus prestigieuses. L'OPRI (180 salariés) dépend du secrétariat d'État à la Santé, tandis que l'IPSN (1 250 employés) est sous cotutelle des ministères de l'Environnement et de l'Industrie, de même que la Direction de la sûreté des installations nucléaires (DSIN). Cette dernière dispose de 190 agents, fixe les règles de sûreté, contrôle leur application et exige, si nécessaire, des modifications. Cette multiplicité des acteurs, au mieux favorise l'ordre établi, par annihilation des dynamiques divergentes, au pire conduit à une cacophonie des avis. Comme d'autres, C. Lepage souhaitait « la création d'une haute autorité du nucléaire, autonome et dotée d'une véritable capacité d'expertise. Il doit y avoir indépendance totale entre le contrôleur et le contrôlé [14] ». Mais la décision politique a toujours été remise à plus tard.

L'absence d'une section « radioprotection » au Conseil supérieur d'hygiène publique jusqu'au 17 août 1997 est un troisième motif de réflexion. Mais il est vrai que ledit Conseil ne peut de toute façon pas s'autosaisir et publier ses avis sans examen préalable du ministre...

Enfin, quatrième motif d'indignation, les politiques et les industriels ont préféré enfoncer la tête sous le sable à l'annonce des premiers résultats anglais. Dès 1984, les décideurs français savaient que les usines de retraitement de déchets nucléaires faisaient l'objet de lourds soupçons sanitaires, à l'image de Sellafield. Les échos du débat public outre-Manche parvenaient jusqu'à leurs oreilles, les publications scientifiques se succédaient. Qu'ont-ils fait ? Rien... ou si peu. En 1981, le Premier ministre Pierre Mauroy avait suggéré la mise en place, auprès de chaque grand équipement énergétique, d'une commission locale d'information (CLI), lorsque sa création répondait aux souhaits des élus et populations concernées (*sic*). C'est peu de dire que la motivation des politiques locaux s'est révélée faible voire vacante, puisque certaines CLI n'ont jamais vu le jour. Qui plus est, celles qui existent se contentent le plus souvent de relayer les informations fournies par les exploitants, ne pouvant procéder à aucun contrôle de leur propre chef. Créée en 1981, la Commission spéciale et permanente d'information (CSPI) de La Hague faisait figure de précurseur... jusque dans ses dysfonctionnements : « La commission " informe ", mais il faut encore qu'on l'informe. Généralement j'apprends les incidents survenus à l'usine par la presse ou les antinucléaires ! Heureusement, les choses commencent à changer et la direction de l'usine me prévient plus rapidement. Toutefois, je ne possède pas de moyens de vérification indépendants, je n'ai

14. Propos rapportés par Jean-Pierre Buisson, *Ouest-France*, 30 juillet 1997.

que ceux transmis par les autorités officielles [15]. » Il aurait fallu dès 1984 rendre obligatoires ces CLI autour de l'ensemble des sites nucléaires français, leur assurer un financement pérenne et leur confier une mission de surveillance sanitaire.

Tout concourt à la mise en place d'un véritable « couvre-feu nucléaire ». Les informations sont confidentielles ou d'accès difficile, parcellaires ou inexistantes, péremptoires ou contradictoires. Il est difficile dans ces conditions d'agir, de penser, d'aller et de venir entre les différents pôles de la connaissance.

Atome et pouvoir

Cette collusion existe au plus haut niveau international, même en ce qui concerne la santé, comme l'atteste l'accord passé entre l'Agence internationale de l'énergie atomique et l'Organisation mondiale de la santé. « Article I, alinéa 3 : Chaque fois que l'une des parties se propose d'entreprendre un programme ou une activité dans un domaine qui présente ou peut présenter un intérêt majeur pour l'autre partie, la première consulte la seconde en vue de régler la question d'un commun accord. [...] Article III, alinéa 2 : Sous réserve des arrangements qui pourraient être nécessaires pour sauvegarder le caractère confidentiel de certains documents, le secrétariat de l'Agence internationale de l'énergie atomique et le secrétariat de l'Organisation mondiale de la santé se tiennent mutuellement au courant de tous les projets et de tous les programmes de travail pouvant intéresser les deux parties [16]. » Ou la neutralisation réciproque...

La France n'est pas en reste. Au nom d'une tradition centralisatrice bien établie, environ 1 000 milliards de francs ont été laissés à la discrétion d'une élite républi-

---

15. Propos d'Albert Collignon, conseiller de la CSPI, cités par Françoise ZONABEND, *La Presqu'île au nucléaire*, Odile Jacob, Paris, 1989, p. 101.
16. *Documents fondamentaux* (40e édition), Organisation mondiale de la santé, Genève, 1994, p. 62-63.

caine « autocooptée » dans l'aventure nucléaire française. Comme si les particules (nucléaires) bénéficiaient des privilèges de la particule (aristocratique). De droit divin... L'avis des citoyens, et même de leurs parlementaires, non consultés, ne semble pas avoir fait l'objet des préoccupations de ces décideurs. Ceux qu'on a pu appeler les « nucléocrates » sont issus du même sérail, le corps national des Mines (avec les X-Mines, majoritaires, en provenance de l'École polytechnique). Quel que soit leur devenir (fonction publique, industrie privée ou recherche), ils font preuve d'un esprit de corps en toutes circonstances, leur carrière étant gérée de près par le conseil général des Mines. Le président de droit en est le ministre de l'Industrie en personne, mais l'autorité de fait est assurée par son vice-président. Jusqu'en août 1997, il s'agissait de Jean Syrota... également P-DG de la Cogema. Le parcours de ce dernier illustre bien la perméabilité des cloisons entre les différents acteurs de la filière nucléaire : directeur de l'Agence de l'économie d'énergie, directeur de la Direction générale de l'énergie et des matières premières au ministère de l'Industrie, enfin P-DG de la Cogema. La proximité de pensée et de comportement des ingénieurs des mines est grande, qu'ils appartiennent à EDF, à Alcatel-Alsthom, à la Cogema, au CEA ou à la Direction de la sûreté des installations nucléaires (DSIN). « Lorsque les responsables administratifs des ministères font partie du même corps que les experts scientifiques, lorsqu'ils partagent le même savoir, véhiculent les mêmes convictions et les mêmes valeurs – c'est typiquement le cas pour l'énergie nucléaire –, il se forme un bloc d'expertise qui peut objectivement être considéré comme un groupe de pression [...]. Face à cette collusion, toute opinion contraire et toute expertise critique sont disqualifiées, comme incompétentes et irresponsables [...]. Le verrouillage du système décisionnel français favorise chez les gens qui sont en quelque sorte officiellement propriétaires de l'expertise des attitudes étonnantes, faites d'ironie et de morgue condescendantes [17]... » Il est difficile dans ces conditions de tenir une ligne de conduite alternative. Certains, réunis dans le « collectif Sancerre », tentent de s'extraire du moule de la pensée unique, dénonçant ce mélange d'intérêts publics et privés [18].

Un fonctionnement transparent et démocratique ne paraît pas garanti, puisque même un ministre de l'Environnement en exercice comme C. Lepage éprouvait les plus grandes difficultés à se faire obéir. « J'occupais le poste depuis moins de quinze jours, quand on m'a fait savoir que le lobby souhaitait déjà mon départ. [...] J'agissais avec discrétion. Pour avoir une quelconque efficacité face au puissant lobby, dont j'exclus EDF, il fallait faire prendre des décisions avant d'en parler, voire sans en parler. [...] On ne peut pas débattre avec des gens qui pratiquent l'anathème [19]. »

Une autre manifestation du pouvoir, dont j'ai fait les frais, est sa latitude « de choisir ce qu'il entend et ce à quoi il reste sourd. Selon ses intérêts, il peut exiger d'un savoir des démonstrations tout à fait impossibles ou, au contraire, " oublier " tout ce qui affaiblirait la portée d'une démonstration. Et le fait que certains risques, d'abord négligés, aient été finalement reconnus, que les mesures qui permettent de les éviter soient devenues des normes, n'est que rarement lié à une " rationalité du pouvoir ", mais le plus souvent à l'apparition de contre-pouvoirs exigeant qu'ils soient pris en compte. [...] Si nos centrales nucléaires ne sont pas aussi dangereuses que celles des pays de l'Est, c'est en grande partie parce qu'elles ont fait l'objet d'attaques et de contestation de la part des mouvements antinucléaires, qui ont forcé les ingénieurs à " voir " des risques qui jusque-là avaient été jugés improbables et donc négligeables [20] ». Je ne sais si mes résultats sur La Hague augmenteront l'acuité visuelle des cadres du nucléaire.

---

17. Philippe ROQUEPLO, *Entre savoir et décision, l'expertise scientifique*, Paris, INRA, Sciences en question, 1997, p. 75-78.
18. Édouard LAUNET, « Coup de grisou dans le corps des Mines. L'institution, grand vivier de P-DG, est ébranlée par un vent de fronde », *Libération*, 20 janvier 1997.
19. Propos rapportés par Jean-Pierre BUISSON, *Ouest-France*, 10 juillet 1997.
20. Isabelle STENGERS, *Sciences et pouvoirs. La démocratie face à la technoscience*, La Découverte, Paris, p. 38-39.

L'ambiguïté des élus locaux

Dans le Nord-Cotentin, les synergies entre l'industriel (la Cogema) et de nombreux élus locaux conduisent parfois ces derniers à des positions pour le moins ambiguës. Ainsi, en 1988, après une étude pilote prometteuse, de nombreux médecins du département de la Manche tentent de créer un registre des cancers. Ils frappent à toutes les portes pour lever les fonds nécessaires. « Le 27 mai 1988, le conseil général, sollicité pour prendre en charge la moitié du coût annuel du registre (250 000 francs), refuse, après un long débat, par 19 voix contre 18 et 2 abstentions, de verser quelque argent que ce soit. C'est le Dr Lécossais qui emporte un “ combat ” que certains autres médecins, élus ou non, qualifieront d'arrière-garde, tant on sait maintenant que ce genre d'enquête est indispensable pour mesurer notamment les effets d'une politique de prévention [...]. Le conseil général n'est pas le seul à ne pas jouer le jeu de la transparence en matière d'informations liées au nucléaire. Les refus d'autres partenaires potentiels se multiplient entre 1987 et 1989 : l'EDF, l'ANDRA (Agence nationale pour la gestion des déchets radioactifs), le Commissariat à l'énergie atomique, le CNRS, l'Euratom, l'Agence internationale de l'énergie atomique, le conseil régional de Basse-Normandie, la communauté urbaine de Cherbourg, le district de La Hague (ces trois dernières collectivités bénéficient largement des retombées de l'industrie nucléaire), l'ARC (Association pour la recherche sur le cancer) [21]. » Quelles ont été les raisons de ce refus ? Quelle force a prévalu ? La communauté d'intérêts ou l'intérêt communautaire ? Le conseil général de la Manche finira par verser, quelque temps après, 50 000 francs, somme paraissant dérisoire au vu des besoins.

Il ne s'agit pas de pointer un doigt vengeur vers ces hommes et ces femmes, élus du peuple, puisque leurs

21. François Gillot, Fabrice Constensoux, « Cancer et nucléaire, le conseil général fait la sourde oreille », *La Manche libre*, 16 décembre 1990.

prises de position dépassent de beaucoup leur propre personne et les partis politiques auxquels ils appartiennent. Le primat du *statu quo* et de la notabilité sur une éthique du bien public a conduit à la non-création d'un registre à cette date, et constitué une authentique et irrémédiable perte de chance pour la population du Nord-Cotentin. On ne réécrira pas l'histoire et je relève que ces élus ou leurs successeurs n'ont pas hésité à proférer de graves accusations à mon égard, comme s'ils voulaient jeter le voile sur quelques erreurs passées en portant les feux ailleurs.

« Mais il serait tout de même bon que, dans un débat aussi grave, personne ne perde son sang-froid. Notamment ceux qui ont un devoir de responsabilité. Leur jugement risque d'en être affecté. Leur crédibilité est alors en jeu... », écrit Jacques Duquesne dont l'indépendance d'esprit est respectée de tous dans cette région [22]. « Sur le plan des contaminations d'origine nucléaire, les maladroites et tardives réactions des dirigeants de cette industrie, venant après des années d'arrogance et de secret, n'aideront pas à dissiper les soupçons [...]. La campagne médiatique menée contre J.-F. Viel, la confiscation des appareils de mesure de Greenpeace à proximité du fameux égout de La Hague, démasqué au grand dam de la Cogema lors d'une grande marée, sont révélateurs de comportements que ne supporte plus le public, à commencer par les familles du Nord-Cotentin qui sont aux premières loges. Les élus, sans doute de bonne foi, seraient aujourd'hui plus crédibles s'ils ne s'étaient pas tus depuis vingt ans, satisfaits qu'ils étaient de la manne financière qui leur a permis de très bien équiper leurs communes. Le retour de bâton est aujourd'hui brutal », renchérit-il [23].

Je ne suis pas sûr pour ma part que les politiques locaux retranscrivent fidèlement par leurs écarts de langage les opinions de leurs électeurs. J'en veux pour preuve que Didier Anger, candidat Verts-PS aux élections législatives

---

22. Jacques Duquesne, « Nucléaire : explosions à l'Abbaye-aux-Dames », *La Lettre de Basse-Normandie*, n° 545, 3 au 9 juillet 1997.
23. *Ibid.*

de 1997 dans la quatrième circonscription de la Manche, a obtenu ses meilleurs scores (44 %) dans les cantons de Beaumont-Hague (où se situe l'usine de la Cogema) et des Pieux (comprenant la centrale EDF de Flamanville). Ces élections ont au moins le mérite de redonner régulièrement la parole, *via* un bulletin de vote, au citoyen de base.

La position du préfet de la Manche, Victor Convert, zélateur inconditionnel de l'énergie nucléaire (« Jusqu'ici personne n'a apporté la preuve que cette industrie est la cause de troubles pour la santé des hommes ou des animaux, ni qu'elle entraîne des perturbations pour l'environnement [24] »), n'est pas sans rappeler celle de ses prédécesseurs sous la IIIe République devant les risques sanitaires infectieux [25]. Il ne peut que rien se passer dans le département dont il a la charge. Comme eux, il a su parfaitement jouer de la corde sensible de ses interlocuteurs : la reconnaissance de leur notabilité, celle des gens « responsables » qui œuvrent pour le bien de citoyens hébétés.

---

24. Propos rapportés par Laurent GOUHIER, *La Presse de la Manche*, 8 juillet 1997, p. 2.
25. Lion MURARD et Patrick ZYLBERMAN, *op. cit.*

17

Les consciences médicales endormies

Le mythe fondateur

Outre les ingénieurs du nucléaire, les meilleurs défenseurs de la radioactivité sont peut-être les médecins eux-mêmes. Non sans raisons, car les rayonnements les aident à diagnostiquer et traiter les maladies de leurs patients.

L'importante participation française à la découverte de la radioactivité renforce probablement ce sentiment. Reportons-nous à la fin du siècle dernier, période fertile en avancées scientifiques décisives, comme l'histoire en connaît peu [1]. Fin 1895, Wilhelm Röntgen découvre à Würzburg les rayons X, qui suscitent un engouement énorme (la radiographie de la main de sa femme fait le tour de l'Europe). En mars 1896, à Paris, Henri Becquerel met en évidence la radioactivité de l'uranium. En 1897, à Cambridge, Joseph Thomson révèle l'existence de l'électron. Entre juillet et décembre 1898, Marie Sklodowska-Curie et

1. Pierre Radvanyi et Monique Bordry, « La découverte de la radioactivité », *in Noyaux atomiques et radioactivité,* Pour la science, Paris, octobre 1996, p. 8-16.

Pierre Curie isolent le polonium, puis le radium. C'est à cette époque qu'ils emploient, pour la première fois, l'adjectif « radioactif ». Ce dernier caractérise un élément naturel mais instable, qui se désintègre spontanément en émettant un rayonnement.

On constate dès cette date que les rayons ont une activité biologique, provoquant une rougeur, voire une ulcération de la peau chez ceux qui les manipulent ou les reçoivent. Cette observation conduit à les utiliser dans un but thérapeutique. La première guérison d'un cancer (de la peau) est obtenue en 1901 à Stockholm. C'est le début de la radiothérapie : on tire parti du fait que les tissus humains sont d'autant plus radiosensibles qu'ils se divisent rapidement. C'est effectivement le cas de la plupart des cancers.

Henri Becquerel, Pierre et Marie Curie obtiennent le prix Nobel de physique en 1903. Marie Curie réitère en 1911, avec le prix Nobel de chimie cette fois, récompensant ses recherches sur le poids atomique du radium et ses propriétés. C'est le couronnement d'une carrière scientifique exceptionnelle. Un mythe est né... qui la mènera jusqu'au Panthéon. Le modèle de diffusion joue à plein. L'uranium semble avoir attendu, tapi dans la pechblende (oxyde d'uranium) à Joachismstal, en Bohême, que Marie Curie le révèle. La force « naturelle » inépuisable et irrésistible de ce fait scientifique qui s'impose à tous n'a d'égale que la quantité énorme d'énergie contenue dans l'atome. Oubliés les autres esprits éclairés de l'époque (Ernest Rutherford, Frederick Soddy...), le gramme de radium offert à Marie Curie par les femmes américaines, la collection minéralogique du Muséum d'histoire naturelle qui lui permit de débuter ses travaux... Une lettre de Marie Curie, soigneusement encadrée, fait la fierté d'un de mes collègues, radiothérapeute. Tout un symbole...

La découverte de la radioactivité artificielle en 1934 par Frédéric et Irène Joliot-Curie (qui leur vaudra le prix Nobel de chimie en 1935) renforce encore l'adhésion des médecins à l'énergie nucléaire. Il existe dans la nature

89 éléments aux propriétés chimiques différentes, classés selon l'effectif des protons dans leur noyau (ou nombre atomique), de l'hydrogène (1 proton) à l'uranium (92 protons) [2]. Mais le noyau des atomes comporte aussi des neutrons qui modifient leur poids et parfois leur stabilité. Le nombre total de protons et de neutrons constitue le nombre de masse. Aux 89 éléments sont associés 325 nucléides, c'est-à-dire 325 noyaux différents. Par exemple, l'uranium peut avoir un nombre de masse de 230, 232, 233, 234, 235, 236 et 238, correspondant à autant d'isotopes. Sur ces 325 nucléides naturels, 51 ne sont pas stables mais radioactifs. La caractéristique essentielle de tous les isotopes d'un élément est de partager les mêmes propriétés chimiques.

Par ailleurs, de nombreux organes du corps humain ont pour fonction la synthèse d'une molécule spécifique, à partir d'éléments chimiques. D'où l'idée d'introduire dans l'organisme un isotope radioactif de l'élément concerné, de le suivre à la trace grâce à son rayonnement, et ainsi d'évaluer l'activité fonctionnelle d'un organe. Malheureusement, pour de nombreux éléments, soit les isotopes instables naturels n'existent pas, soit ils sont peu maniables. La possibilité de créer de nouveaux noyaux (ou isotopes radioactifs artificiels) ouvrait donc des perspectives prometteuses [3]. C'est le début de la médecine nucléaire. L'iode 131 (pour la thyroïde), ou l'oxygène 15 (pour le cerveau) constituent des exemples d'un tel apport diagnostique. Plus encore, certains isotopes radioactifs (l'iode 131 toujours, mais aussi le phosphore 32 en hématologie, le strontium 89 pour les douleurs de métastases osseuses) ont une vocation thérapeutique.

Enfin, depuis les années soixante-dix, les émissions de rayonnements associées à des moyens informatiques importants ont permis la création de nouveaux outils

2. Les éléments à 43, 61 et 85 protons ne se retrouvent pas dans la nature.

3. Le tableau périodique des éléments s'étend maintenant jusqu'à 112 protons (et non plus 92), car des éléments chimiques totalement artificiels ont été créés, tel le plutonium, qui n'existe pas dans la nature. Plus de 2 500 isotopes radioactifs sont aujourd'hui répertoriés.

d'imagerie médicale (scanographe, gamma-tomographie, caméra à positrons...).

L'utilisation maîtrisée de la radioactivité représente ainsi un progrès médical incontestable. Cela explique pourquoi, selon moi, certains radiothérapeutes, cancérologues ou médecins nucléaires comptent parmi les thuriféraires les plus en vue de l'énergie nucléaire. Alors que l'opinion publique est devenue très circonspecte après Hiroshima, Nagasaki, Tchernobyl..., les médecins, dans leur ensemble, ne paraissent pas assaillis par le doute. L'atome tue certes à fortes doses, mais guérit l'individu à doses moyennes. Qu'il ait un quelconque effet néfaste à de faibles doses collectives leur est difficilement concevable. L'individu, les médecins le connaissent bien, dans le colloque singulier où leur talent s'exerce. Mais l'approche communautaire, c'est une autre histoire...

Des pasteurs aux passeurs [4]

Les mandarins du sérail médical fondent leur autorité régalienne sur un système de valeurs fortement hiérarchisées et soigneusement entretenues dans le quotidien. Par exemple, un usage encore en cours veut que lorsqu'il écrit à un professeur de la faculté de médecine, un médecin de rang inférieur commence par ces mots « Monsieur et cher Maître », qu'il ait reçu ou non les enseignements dudit maître. Ces mandarins créent des « écoles », voire des « chapelles » avec toute la dimension sacrée que cela implique : foi, exégèse, anathème, excommunion. « Grands rassembleurs, guides ou prophètes, ils sont les " pasteurs " de la science [5]. » Cette tradition, un peu moins vivace en province, a sûrement permis encore dans un passé récent des progrès dans la recherche médicale, mais se révèle maintenant inadaptée. Ce cloisonnement par dis-

---

4. Selon l'expression éloquente de Joël de Rosnay, « Du pasteur au passeur », *Le Monde de l'éducation*, février 1997, p. 20-21.

5. *Ibid.*

cipline clinique constitue un frein au transfert des connaissances, à l'approche transversale, au fonctionnement en réseau, à l'hybridation des savoirs, qui caractérisent les avancées actuelles de la recherche.

« Il faut aujourd'hui [...] des " passeurs " pour guider les hommes dans les chemins tortueux de la complexité des connaissances et les dédales des réseaux interactifs [6]. » Or les passeurs ont déjà investi le domaine médical. Ce sont les praticiens de santé publique. Rompus aux techniques des sciences de l'information, travaillant en relation étroite avec des sociologues, des anthropologues, des démographes..., à l'écoute des interrogations de la Cité (équité dans l'accès aux soins, conséquences de l'environnement, influence des comportements individuels sur la santé...), ils ont quelques décennies d'avance. Systémique et interdépendante est leur approche. Ils sont par bonheur rejoints depuis peu par les plus jeunes des pasteurs.

Je vois dans cette insuffisante et tardive migration du pasteur au passeur l'une des raisons de la faiblesse de la santé publique en France. La réticence des médecins à s'engager dans la maîtrise des dépenses de santé est celle des pasteurs. Le tiers financeur est considéré comme devant assurer toujours la pérennité de la pyramide et ne pas remettre en cause ses fondations. En revanche, l'organisation des soins en réseaux horizontaux articulés autour des généralistes relève des passeurs, médiateurs et intégrateurs. Mais le passeur a des difficultés à asseoir son image dans une science et une société cloisonnées. Ainsi un épidémiologiste n'est-il plus un « vrai » médecin (puisqu'il ne prescrit plus), sans pour autant être devenu un authentique statisticien (puisqu'il utilise des méthodes qu'il n'aura généralement pas décrites). Il est donc de nulle part, et devient un empêcheur de soigner en rond. « L'antagonisme, vécu comme inconciliable, entre les deux types de médecine peut être traduit par l'opposition symbolique entre un ensemble de couples : l'héroïsme et

6. Joël de Rosnay, *op. cit.*

l'humilité ; la noblesse et la médiocrité ; la thérapeutique et la prévention ; [...] l'individu et la collectivité ; [...] la médecine “ tout court ” et la santé publique [7]. »

Participent aussi au primat de la médecine individuelle sur la médecine communautaire les formidables progrès de la technologie de l'instrumentation, en médecine comme dans les autres sciences. Paul Caro estime ainsi que « vers 1620, avec Descartes et les autres, les techniques de production du savoir sont passées en somme du *trivium* au *quadrivium* [8] ». Rappelons que, depuis l'Antiquité, les connaissances intellectuelles, gage d'une haute culture, étaient acquises au cours de deux cycles. Le premier avait pour nom *trivium* et consistait en la rhétorique, la dialectique et la grammaire. Le second, *quadrivium*, comportait les quatre branches des mathématiques : arithmétique, géométrie, astronomie et musique (au sens plus général d'harmonie).

A la fois enclins à un comportement rationaliste et fascinés par la technologie, les médecins n'échappent pas à ce mouvement. Guérir n'est plus un art mais une science, dont la caricature a conduit à ce qu'il faut bien appeler le modèle biomédical dominant. Cette idéologie médicale emprunte beaucoup au principe du *continuum* physiopathologique, établi au milieu du XIXe siècle par Claude Bernard, qui postulait le déterminisme absolu de tout phénomène observé chez un être vivant [9]. Il n'est, pour se convaincre de la pérennité de cette influence, que de constater la surconsommation française en matière d'imagerie médicale (scanographes, IRM, échographes...), et à un moindre degré en examens biologiques. Parallèlement, la recherche médicale triomphante repose de plus en plus sur l'instrumentation : biologie moléculaire, génie génétique, exploration du métabolisme par tomographie à émission de positrons... Elle participe clairement du *qua-*

7. Aquilino MORELLE, *La Défaite de la santé publique*, Flammarion, Paris, 1996, p. 361.
8. Paul CARO, « La marche obstinée du savoir », *Le Monde de l'éducation*, février 1997, p. 22-25.
9. Aquilino MORELLE, *op. cit.*, p. 340-341.

drivium. Or la santé publique et l'épidémiologie sont avec autant d'évidence filles du *trivium.* Ce mouvement inverse du *quadrivium* au *trivium* apparaît pour beaucoup comme une régression, un retour à l'obscurantisme et à l'irrationalité.

Il faut rendre vie à cette société médicale figée qui tient toujours le probable pour faux, en attente de preuves parfois impossibles à produire, avant d'oser se prononcer ; qui se révèle réticente à composer avec la probabilité d'apparition d'un événement et l'étendue de ses possibles conséquences, dans une approche fondée sur le principe de précaution ; qui tend à oublier la noblesse de son action collective pour un repli identitaire au corporatisme dévoyé.

Laissons une chance aux passeurs de la santé publique, explorateurs ou négociateurs, porteurs d'un message de réconciliation, innovant car responsabilisant, entre les citoyens, les scientifiques, et les dirigeants.

Conclusion

L'avenir dira si cette recherche sur La Hague aura contribué à « démoraliser le pouvoir ». Non pas que les gouvernants et les industriels aient perdu le moral, mais, en suivant la philosophe Isabelle Stengers, au sens où la morale fait communiquer ce qui est « normal » et ce qui est « bien » [1]. Le « normal » dans le cas présent découlait de certitudes scientifiques sur les particules nucléaires, acquises principalement dans des conditions expérimentales, et supposées, par extension hâtive, s'appliquer à toutes les situations. Les rejets radioactifs dans l'environnement étaient si faibles qu'un quelconque effet néfaste sur la santé n'était pas concevable. Ces doses étaient donc « normales » et, qui plus est, « justes » car issues de la production d'une énergie assurant le bien-être d'une collectivité reconnaissante. Elles en devenaient donc « morales ».

Je n'ai jamais pu me résigner à la vision simplicatrice du savoir expérimental dans le domaine de la santé. Les situa-

1. Isabelle Stengers, *Sciences et pouvoirs. La démocratie face à la technoscience*, La Découverte, Paris, 1997, p. 81-87.

tions auxquelles peut répondre un laboratoire dépendent de questions, elles-mêmes formulées en fonction de leur « simplicité », c'est-à-dire de leur aptitude à subir les contraintes expérimentales. Le conformisme, le poids des habitudes, les pressions font que l'homme, dans sa « complexité », est souvent relégué au second plan. « Le mot d'ordre selon lequel " il faut commencer par le plus simple pour arriver au plus complexe " est un mot d'ordre du pouvoir car c'est le pouvoir qui a besoin, vitalement besoin, que ne soit pas mis en lumière ce qui pourrait faire obstacle à ses opérations ; qui a donc intérêt à ce que ces obstacles soient disqualifiés, définis comme seulement provisoires, renvoyés à des valeurs subjectives et changeantes que le progrès se chargera de réformer [...]. Démoraliser le pouvoir, créer la distinction entre l'exercice du pouvoir, qui simplifie, disqualifie et juge, d'une part, et l'événement que constitue la découverte d'une possibilité de juger, de conférer à un phénomène le pouvoir de témoigner " objectivement ", de l'autre, c'est donc affirmer que jamais un savoir intéressant n'a délibérément commencé par le " simple " [2]. »

L'« événement » que forment mes résultats relève de la singularité. Il n'est pas pour autant simple ou réductible, mais je l'espère pertinent. Pertinent pour d'autres scientifiques (en particulier les sociologues, car les physiciens nucléaires l'ont plutôt trouvé impertinent), mais surtout pertinent pour les habitants du Nord-Cotentin. L'enseignement transdisciplinaire que j'ai reçu, les réactions sociales et politiques à mes recherches m'ont transformé en un « actif démoralisateur ». « La question de la pertinence n'est pas morale, au sens où la moralité transcenderait les intérêts particuliers au nom d'un quelconque bien commun. Elle est au contraire profondément intéressée et donc, en ce sens, amorale. Mais c'est une question active, inventive, créatrice de liens, productrice de relations qui n'imposent pas la soumission de l'un des termes à l'autre. C'est pourquoi elle est opérante contre les pouvoirs qui se dissimulent

2. *Ibid.*

derrière la moralité, le bien commun qui est censé primer les intérêts " corporatistes ", le progrès objectif qui est censé réformer les opinions trop attachées à leur particularité [3]. »

J'ai bien conscience d'avoir délivré plus de doutes que de certitudes, d'avoir compliqué les savoirs en tentant de répondre à la société. J'ai simplement donné à voir la science en marche, loin des fards, des illusions, des censures. Ni l'épidémiologie, ni l'acteur que j'en suis ne se démarquent en cela des autres pans de la science et de leurs chercheurs. La science balbutie, hésite, semble revenir sur ses pas, fait quelques avancées... qui pourront toujours être remises en cause par une nouvelle théorie. Elle n'est plus triomphante... si elle l'a jamais été. Les scientifiques doivent surmonter ce sentiment mêlé d'échec et de culpabilité, quand ils découvrent comme moi la nature de ce mirage. Aurions-nous sacrifié nos nuits et nos songes à une science chimérique ? Notre seule issue est de relever le défi du partage des connaissances et de l'humilité. J'ai tenté dans cet ouvrage de comprendre et d'expliquer en quoi l'énergie nucléaire représentait en elle-même un obstacle supplémentaire à la levée de ce voile. Elle est, qu'on le veuille ou non, de l'ordre de la vérité qu'on assène. Tout concourt à un affrontement entre idéologies. C'est ta croyance contre la mienne. Il est bien difficile dans ces conditions de garder une ligne agnostique, les tenants d'une chapelle vous parant des habits d'officiant de l'autre.

J'ai acquis au cours de mes enquêtes la certitude du doute, et j'ai ressenti le douloureux et pressant devoir d'en avertir mes concitoyens. Mes conclusions seront peut-être dans l'avenir infirmées par des données nouvelles et je serai le premier à m'en réjouir pour les enfants du Nord-Cotentin. Mais elles peuvent aussi être confirmées... Transmettre ce message s'est révélé plus ardu que je ne l'imaginais. Pour l'opinion publique, l'incertitude peut paraître anxiogène, alors qu'elle est intrinsèquement informative. Passer du premier au second qualificatif exige un niveau de

3. *Ibid.*

culture scientifique suffisant, et un désir d'explication qui peut faire défaut chez les scientifiques, les politiques ou les journalistes.

Sortir de l'impasse exige l'irruption des citoyens non seulement dans les débats qui suivent la diffusion de conclusions plus ou moins opérantes, mais en amont, lorsque la science se décide et se construit. Car qui mieux qu'un collectif citoyen peut formuler les « bonnes questions » et augmenter la pertinence de nos recherches ? Avec un tel contre-pouvoir, la réversibilité de la preuve deviendra une question centrale. Nous avons vu que les études épidémiologiques peinent à rassembler les éléments de la responsabilité et que, par défaut, les industriels s'en trouvent absous. Cette asymétrie ne sera peut-être plus longtemps tolérable. Les citoyens pourraient exiger des industriels la preuve de l'absence d'un risque, faisant fi des objections de coût et de difficulté. Le doute bénéficierait ainsi au monde vivant et au respect de son intégrité.

Pour autant, les conditions de la mise en place d'un nouveau contrat social ne sont pas encore toutes réunies, et on devine que les légitimes exigences des citoyens troubleront les règles du jeu qui prévalaient jusqu'alors. Il leur faudra apprendre le fonctionnement de la recherche, la hiérarchisation des thèmes, les alliances entre experts et pouvoirs, la rareté des financements, la précarité des connaissances... Il leur reviendra d'exister sur une base communautaire, sans ostracisme ni haine. Il appartiendra à nous, scientifiques, d'oser la confrontation des points de vue, sans morgue ni simplification, d'expliquer malgré nos imperfections, l'honnêteté, l'inventivité et l'enthousiasme qui nous animent, la relativité de nos savoirs, la multiplicité de nos contraintes. Reste aux politiques l'ardente obligation de rendre possibles ces lieux d'échanges, ces « forums hybrides ». Mais c'est surtout un formidable effort d'éducation et de compréhension qu'il nous faut poursuivre. Nous avons à apprendre de l'Autre, de sa perception du monde, de son humanité, et de sa souffrance. Guillaume et Keir me rappellent à l'ordre quand je m'écarte de ce chemin.

Table

II. A LA RECHERCHE DE LA CAUSALITÉ ÉPIDÉMIOLOGIQUE

III. REJET ET RÉACTIONS NUCLÉAIRES

IV. DIABOLISATION

V. UNE NOUVELLE DÉFAITE DE LA SANTÉ PUBLIQUE

Cet ouvrage a été imprimé par la
SOCIÉTÉ NOUVELLE FIRMIN-DIDOT
Mesnil-sur-l'Estrée
pour le compte des Éditions La Découverte
en janvier 1998

Imprimé en France
Dépôt légal : février 1998
N° d'impression : 40985